孩子如何交朋友

读懂儿童的友谊

[德] 诺拉 · 伊姆劳（Nora Imlau）著
祖静 译

机械工业出版社
CHINA MACHINE PRESS

图书在版编目（CIP）数据

孩子如何交朋友：读懂儿童的友谊 /（德）诺拉·伊姆劳（Nora Imlau）著；祖静译. — 北京：机械工业出版社，2023.8（2024.10重印）

ISBN 978-7-111-73439-0

Ⅰ. ①孩…　Ⅱ. ①诺…　②祖…　Ⅲ. ①友谊－儿童读物　Ⅳ. ①B824.2-49

中国国家版本馆CIP数据核字（2023）第119201号

机械工业出版社（北京市百万庄大街22号　邮政编码100037）
策划编辑：陈　伟　刘文蕾　　责任编辑：陈　伟　刘文蕾
责任校对：韩佳欣　陈　越　　责任印制：张　博
北京瑞禾彩色印刷有限公司印刷
2024年10月第1版第3次印刷
145mm × 210mm · 5.375印张 · 75千字
标准书号：ISBN 978-7-111-73439-0
定价：59.80元

电话服务
客服电话：010-88361066
　　　　　010-88379833
　　　　　010-68326294

网络服务
机　工　官　网：www.cmpbook.com
机　工　官　博：weibo.com/cmp1952
金　　书　　网：www.golden-book.com
机工教育服务网：www.cmpedu.com

封底无防伪标均为盗版

目录

第一章
好朋友

对于孩子来说，友谊首先意味着：一起做一些事情。不需要很多语言，就会产生一种亲密的感觉，彼此联结，相互支持——这是一种神奇的感觉，一种被人喜爱的感觉。

强尼、弗朗茨和瓦尔德玛

小老鼠强尼、大公鸡弗朗茨和胖胖的小猪瓦尔德玛是好朋友。他们三个能整晚整晚地骑着一辆自行车玩，他们一起捉迷藏，一起摘樱桃，一起划着一艘老式小船在村子的池塘里“风驰电掣”。傍晚时分，他们在鸡舍后面发誓要做永远的好朋友，决定永远不再分开——尽管他们各不相同[一]。

亲密感

一起冒险，一起玩耍，晚上想着好朋友甜蜜地入睡：孩子们也希望从朋友那里得到这些，从幼儿园的年龄一直到青春期。这种渴望把孩子们从熟悉的家人圈子中吸引出来，让他们走近其他孩子。由此，他们建立了最初的、拥

[一] 这个故事出自赫姆·海恩的绘本《真正的朋友》。——译者注

有自身规则的社会关系，成年人发现，自己往往很难融入这些关系之中：因为与我们所说的“伟大的友谊”相比，儿童的友谊有太多不同。

2014年，受咖啡制造商雅各布斯的委托，研究人员展开了一项调查：对成年人来说，什么是交友的重要因素。结果显示：成年人认为，朋友首先要能与我们交谈。无论男性，还是女性，都认为友谊之所以存在，是因为能够进行亲密坦率的交流。但是孩子却觉得聊天并没有那么重要——那是成年人喜欢做的事。对孩子来说，朋友之所以能成为朋友，是因为可以和他一起做一些事情。而这正是

“尤里斯和埃米尔是朋友。他们上同一个幼儿园。有时尤里斯比埃米尔高，而有时埃米尔又比尤里斯高一些。他们是最好的朋友。尤里斯和埃米尔总是一起玩儿，有时候他们还会搞恶作剧捉弄其他同学。”

——约翰·钱伯斯，多萝西娅·图斯特，
《埃米尔在哪里？》（*Wo ist Emil?*）

小老鼠强尼和他的朋友们所认同的。他们一起度过的每一天，并不只有相互间的交谈——而是一起做各种各样的事情：骑自行车、寻找鹅卵石、扮演海盗、钓鱼、分享樱桃、尿尿、为友谊起誓。

正是由于孩子们一起主动地做一些事情，才能在友谊中实现超越自我的成长。因为当他们一起冒险时，能够具体地感受到，一个团体的力量来自多样化的个体，毕竟，能够在村里的池塘上成功航行的秘诀是：小老鼠强尼掌舵，大公鸡弗朗茨用他五颜六色的尾巴扬帆，而胖小猪瓦尔德玛则可以堵住船板上的洞。

我们都希望自己的孩子拥有这样的朋友，他们能够促进孩子的发展，帮助孩子实现超越自我的成长。这样的朋友可以和孩子一起玩耍和学习，一起嬉戏和打闹，一起尝试新鲜事物。拥有这样的朋友，孩子可以获得一种亲密的感觉，就像书里的三个朋友一样。虽然我们无法为孩子寻找到这样的朋友，也不能避免他们在儿童友谊的风暴起伏中经历一两次痛苦的失望。但我们还是可以做很多事情，来降低孩子交朋友的难度。因为，如果我们能够理解在友谊这件事里孩子是怎么做的，就能以有爱和共情的方式陪他们去建立和维护自己的社会关系，从而做出自己的贡献，让他们感受到，成为一个人的朋友，有多么幸福。

朋友让孩子更富有

妈妈、爸爸、孩子，还有朋友们！

“亲爱的艾米莉亚，”我的女儿林内娅六岁的时候给她朋友写信，“我很香（想）念你，很西（喜）欢你。请快来找我，和我一起万（玩）！”这封信的字里行间都透露着孩子之间深厚的情感：彼此的喜爱和期待，在一起玩耍的喜悦。她们证明了什么是亲密的感觉，什么是对对方的珍视，什么是对彼此存在的感激。她们证明了，在同辈群体成为孩子最重要社会关系的青春期到来之前，一个孩子对另一个孩子来说能有多么重要。

但令人惊讶的是，尽管这种儿童社会关系的情感如此显性和强烈，到现在也没有引起成年人太多的关注。在过去的七十年里，依恋研究者和发展心理学家对亲子关系的重要性进行了细致入微的分析，指出父母在孩子快乐和健康成长中起着核心作用。当然，拥有一个充满爱和亲情的原生家庭的重要性再怎么强调都不为过。因此，今天有无数的育儿指南在讨论父母如何才能给予孩子爱、理解、支持、陪伴和教育，如何让孩子为人生做好准备。在这些书中，同龄朋友的意义充其量只值一个脚注的位置。然而，今天的儿童与同龄人相处的时间比以往任何时候都更多：无论是在婴儿游泳班，还是在婴儿早教班，无论是跟保姆在一起，还是在日托中心，无论在全日制幼儿园，还是在小学——到处都是其他的小孩子。我们必须要发现孩子交往中所蕴藏的潜力。因为，为了给孩子一个充满爱和安全感的美丽童年，我们在不断地努力，而朋友，可以使这一切变得更容易。很少有其他事情能比与最好的朋友一起经

“同龄人让同龄人喜爱。”

——柏拉图

历冒险更让孩子高兴。

因此，我们要有意识地关注，自己的孩子怎样做才能让其他孩子的人生变得丰富多彩，反之亦然，同时不要削弱父母在其中的作用。孩子们需要一个稳定的靠山，需要与父母建立一份充满安全感和信任感的关系，这份关系就像他们的一个安全港湾。但这并不意味着，在生命的最初几年里，他们只能向父母表达喜爱。当孩子能够在安全和爱中长大时，也能更早地发展出与他人交往、深入了解他

到底什么是友谊?

《杜登词典》将友谊定义为“人与人之间基于相互喜爱的关系”，从而抓住了儿童和成人友谊最基本的共同点：友谊意味着“我们互相喜欢”。事实上，德语的“朋友（Freund）”一词来自哥特语的“frijond”，意思是“爱”。此外，心理学家还强调了友谊的自愿性：它既不能被强迫，也不受外界诱惑。真正的朋友总是按照自己的意愿互相选择。

人以及接纳他人的能力。在这个过程中，如果我们能够陪伴和支持他们，那就是给孩子最伟大的礼物。

友谊是一个很个人的话题，是一个能够触动我们心弦的话题。“告诉我谁是你的朋友，我就知道你是什么样的人”——这句古希腊谚语中蕴含着深刻的真理。因为事实上，身边的人就是我们自己的一面镜子，映照着我们的梦想和愿望、我们的兴趣和热忱、我们的过往和现在。出于这个原因，我决定，在本书中不仅要汇编关于童年友谊这一主题所有值得了解的内容，还要留给人们记忆中和正在经历的友谊一定的篇幅。因为关于童年友谊这个话题，与我们的孩子相比，与曾经是孩子的我们自己相比，没有其他人能教会我们更多了。

告诉我谁是你的朋友，我就知道你是什么样的人

接纳我们本来的样子

放学后，我女儿林内娅伤心地回到家，对我说："我永远也当不了一个好朋友。"之后我们才慢慢明白发生了什么。那天，学校的心理老师给一年级的同学朗读了一本书，书里讲到如何成为朋友。"我们必须保持开心和友好的态度，要永远真诚，永远愿意分享自己的玩具，"林内娅一项项列举说，"我们永远不能抱怨或者争吵，也不能发怒或者生气。"当她最后终于说完这一连串的清单后，还诚实地加了一句："我觉得，这些我做不到。"

"亲爱的宝贝儿，没有人能做到这些。"我在她额头上轻轻吻了一下，说道："我觉得友谊意味着，即使彼此都不完美，仍旧彼此喜欢。哪怕有时你们会发牢骚，会争吵，会生气，也仍然互相喜爱。"

友谊是彼此接纳

正是这次谈话引发了我后来对儿童友谊这个话题的兴趣。因为通过这场谈话可以看出，我们对儿童的友谊往往抱有多么不切实际的期望——那种我们在自己的友谊中永远都无法实现的期望。因此，在这本讲述儿童友谊和成年人友谊差异的书的开头，我们要先指出两者之间一个很大的共同点，用作家玛丽·冯·埃布纳·埃申巴赫简明扼要的话说："朋友，就是了解我们的全部，却依然陪伴在我们身边的人。"

朋友，让我们做我们自己

在朋友面前，我们不必遮掩自己——可以表现出自己本来的样子。尽管我们有一些所谓的缺点，他们也依然爱我们，甚至正是由于有这些缺点，他们才会爱我们。因为这些所谓的缺点并没有让我们变得不完美，反而让我们更加独一无二。只有当家长自己有这样的想法和做法，并给孩子做出榜样时，他们才能够将这种思想内化。也就是说：对孩子来说，能够体验父母同朋友的相处与交往方式，是最好的“友谊学校”。

“友谊学校”

因此，如果周末或假期有朋友来访，不能自己随意安排，或者不能只跟亲人待在一起的时候，也不要难过。因为朋友是我们自己选择的亲人，是我们自己选择的“第二个家庭”。让我们跟孩子讲一讲，跟朋友是怎么认识的，是如何喜欢上自己朋友的，什么是我们友谊的纽带，我们的友谊是什么样子的。让我们跟孩子讲一讲，自己和朋友是如何争吵、又是如何和好的，是如何跨越时间和空间的距离彼此牵挂的。让我们以身作则，告诉他们，成为别人的朋友不必十全十美，他们当然也不需要这样。因为他们是独特的、美妙的、可爱的——因为他们，就是他们自己。

第二章 朋友是成长路上的帮手

自出生那一刻起，我们人类的孩子就是社会性生物。他们彼此发现，互相学习，同时建立起个体所需要的、能够给予他们帮助的各类社会关系。

什么是儿童友谊中最重要的东西

朋友是可以和我一起玩的人

妈妈、爸爸、猫咪、杯子、球——孩子最先习得的词汇都是其日常生活中的人、动物或物品。在他们学会说之前，这些词已经听过了成百上千次。孩子容易掌握这些有形的、具象的事物——因此，如果让他们描述一个噩梦，难度比描述一次郊游要大得多。更有趣的是，大多数孩子在三岁、最晚四岁的时候就已经不仅知道并理解“朋友”这个词汇，还能自己使用它。因为所有这些朋友都有名字。他已经上了幼儿园，当然也会聊起伊达、保罗、马克斯和伊丽泽的事情，他们一起玩烤蛋糕或开挖掘机的游戏。如果提到朋友的话，他能说的会更多：他会谈到自己与另一个孩子的

“马克斯是我的朋友”

关系，谈到他们彼此的感情。“马克斯是我的朋友”，这句话的意思是：这个孩子对我来说有点特别，并且，我想让你们知道这一点。

发展心理学家玛利亚·冯·萨丽齐指出：幼儿园孩子的“友谊具有行为导向的特征”——朋友就是那个和我一起玩儿、对我好的人。有趣的是，即使是非常年幼的孩子也会将这种好感同某种特定的行为联系起来。行为研究人员已经观察到，两岁的孩子更喜欢与那些用微笑或眼神跟他们交流的同龄人接触，这些伙伴在必要时还会用亲昵的抚摸来安慰他们，如果不小心弄疼了他们或者拿走了他们某个东西，会向他们道歉——哪怕还不会说话。但是幼儿园的孩子觉得，朋友不仅要友好，还要亲近，对的，就是字面的意思。因为即使对非常年幼的孩子来说，友谊也需要某种熟悉感，而这种熟悉感只有在他们经常见面时才能产生。难怪学龄前儿童的大多数朋友都住在同一个社区，甚至大多住在同一条街上！通常，孩子起初的童年友谊是由父母之间的友谊发展而来的：由于成年人喜欢见面并经常在一起，孩子们也就经常聚在一起。在成年人充满信任的友谊氛围中，孩子也慢慢建立了自己的社会关系。然而，大多数儿童的友谊是在那些没有父母陪伴的地方产生的（比如在保姆那里、在日托中心和幼儿园里），当孩子们聚在一起时，注意力会完全集中在小伙伴身上。

和朋友一起，学习公平这件事

依恋研究专家、行为生物学家伽布鲁勒·豪格－施纳伯和约阿希姆·本塞尔称这种日托中心是“除家庭之外最重要的社会化空间”，并描述说，三岁之前，大人通常是孩子首选的玩伴，但从三岁左右开始，同龄人作为玩伴的地位就超过了大人。因此，他们面临着全新的挑战。例如，当没有人愿意让步时，如何在游戏中分配角色？由此产生一些基本的道德问题：什么是对的，什么是错的？什么是公正，什么是不公正？什么造成了伤害？这种伤害能被修复吗？发展心理学家玛利亚·冯·萨丽齐将儿童的友谊看作发展社会能力和道德意识的良好途径，这并非没有道理。她说：“朋友是孩子成长路上的帮手。”

朋友在孩子成长过程中发挥着显著的作用：幼儿园的孩子四岁的时候，不仅能够指出，在与其他孩子玩的时候，什么行为是允许的，什么行为是禁止的，而且还能区分不道德的行为和违反规则的行为，并认为前者更为糟糕。就像我朋友四岁的女儿玛雅曾经说的："在幼儿园，不能在吃饭的时候放屁，可如果实在憋不住了，后果也没那么严重。但是，打人是肯定不允许的！"

我的朋友，我的镜子

在学龄期，孩子们凭直觉想更多地了解他们是谁，什么是对他们来说重要的东西。同龄的朋友不再仅仅是玩伴，还新增了一项重要的镜像功能。小学生将自己与朋友进行比较，用他们来衡量自己，认识到朋友的优点和缺点，开始思考并分类自己的优缺点。孩子执着于跟别人进行比较，这是从未出现过的情况，它造成的影响通常在刚上二年级（即七到八岁）时能明显看出来。一年级的孩子往往还非常自信，相信个人的能力，但到二年级的时候，就可以发现，孩子们明显地会对自己进行更严格的审查。这一时期孩子的典型话语是：

“托尼画画比我好，但我跑得更快！”

“我希望我的听写能力能像达莉亚一样好！”

“安娜是我最好的朋友，琳达是我第二好的朋友，奥尔加是我第三好的朋友。”

“多米尼克是我们班上最酷的。”

朋友能够互相认可

在这个年龄段，一个人的朋友数量往往会受到一种竞争想法的影响，就像在操场上扭打疯玩一样，或者像在比较数学作业中的错题数量一样。在这个年龄，有十个朋友比有八个好，收到七份生日请柬比收到两份要好。碰到孩子们对比自己的受喜爱程度，家长们经常会恼火：难道对友谊而言，数量最重要，质量不重要吗？质量当然重要，但是对于小学生来说，这种数字游戏是他们寻找自我的重要工具。我是谁？谁喜欢我？我对谁是重要的？

比较的吸引力在于，它至少可以为这些复杂的问题提供一个看起来明确的答案。之后孩子会修正他们的自我评判——在大多数情况下，他们很容易降低对自我的评价。因此，一方面，他们对自我能力的感知会变得更加实际——一年级学生通常还觉得自己是全能天才，二三年级的学生对自己的优缺点则会有更加清晰的认识；另一方面，伴随着这种自我批评式的修正，孩子们往往还会出现自我价值感降低的现象。这意味着，很多孩子这时开始了他们人生中的第一次自我怀疑：虽然我不是百分百完美，但我是不是足够好呢？虽然我有缺点，但是我值不值得被爱呢？

与幼儿时期不同，父母所提供的安抚，已经不足以让孩子处处都能获得被爱和安全的感觉了。他们希望也能得到其他孩子的肯定。校内或校外的同龄朋友能够给予他们这种被重视的感受，能够增强他们的自信心，能够阻止他们对自己过度苛刻。

朋友是最好的庇护

儿童成长得如何，往往取决于他们成长的环境。在这种情况下，依恋研究人员谈到了风险增加和风险减少的因素：在最亲密的环境中，社会心理压力，如家庭内部存在的贫穷、暴力或严重疾病的情况，会加大孩子健康成长的难度，一个充满爱和尊重的家庭则会促进孩子的健康成长。但是，并非所有在高风险条件下成长的儿童都以同样的方式成长：在充满压力的环境中，有些儿童被彻底打倒，而有些儿童则能表现出惊人的抵抗能力，使他们尽管面临众多风险，仍能超越自我。研究人员将此称为复原力，他们认为，即使在不利的条件下，复原力也是儿童成长的最大保护因素。为了能够培养这种复原力，儿童首先需要做的一件事情是：与自己家庭以外的人建立稳定的情感联系，这种联系可以让他们感到被支持和帮助。这指的就是：使儿童免受伤害的最好庇护，就是他们大大小小的朋友们。

友谊不仅仅是美好的

当成人想象孩子的友谊时，眼前总能浮现出一幅幅甜蜜的画面：蹒跚学步的孩子手拉手去上幼儿园，三岁的孩子们互相赠送自己采摘的花束，小学生们关系好得形影不离。

这些确实是真实发生的事情——但事实不仅仅是这些。在儿童的友谊中，也充满各种各样的冲突，这些冲突带来的伤害有的是浅层的，有的却十分严重（如果谁安慰过一个有“爱情苦恼”的幼儿园孩子的话，就能理解我说的是什么意思）。从这一点来看，“友谊永远对孩子有好处”这句话可能是错误的。

拒绝和嘲笑

同样的，孩子能够自动地从朋友那里学会社交的说法也过于武断了。因为即便在很多情况下，孩子们能够学会彼此交往，但同样也能学会与之相反的东西：比如拒绝和排斥他人（“你不能跟我们一起玩儿！”），比如给其他孩子贴上负面标签（“男孩儿真讨厌！”），比如辱骂和取笑他人（“你这个哭鼻子大王！”）。小团体内部良好的归属感很有可能会演变为霸凌行为，从而造成严重的伤害。在霸凌过程中，受群体动力的诱使，孩子可能会做出残忍的举动，而这种行为也绝非他一人所能完成的。

但即便是朋友，相互之间也并非仅有尊重和支持，还存在竞争思想、羡慕和妒忌的情绪。

友谊不都是美好的

因此，儿童的友谊——就像成人的社会关系一样——既具有建设性和促进性，也具有破坏性和潜在危险性。

这一点对孩子的成长意义重大。但是这也传达给我们一个信息：在看待儿童友谊时，成年人必须摒弃浪漫化的目光，只有这样才能理解，孩子们之间的真实情况是什么样子的，他们是怎样互相鼓励、又互相削弱的，我们应该什么时候去陪伴他们，什么时候要放手，又在什么时候必须要保护他们。

心理学家的研究表明，即使友谊里冲突重重，它给孩子带来的好处也远远大于坏处。为了给予孩子宝贵的成长机会，友谊不一定要一直保持美好与和平的状态。但是如果孩子在与其他孩子相处的时候，受到了严重的伤害，这份友谊带来的坏处就超过了好处。这时就迫切需要成年人的保护，以帮助孩子摆脱这段可怕的关系。

“我们不需要执行每个命令，做其中一些就行了”

以下是对七岁的阿德里安的采访：

问：阿德里安，友谊对你来说意味着什么？

答：友谊就是，我喜欢他们，并经常跟他们一起玩。

问：我们怎样才能找到并拥有朋友呢？

答：我们得对他们好，为他们做事情。嗯，不用听他们每一个命令，做其中一些就可以了。得经常和他们一起玩，不惹他们生气。

问：谁是你的好朋友，你喜欢跟他们做什么？

答：卢卡和马茨是我的好朋友。我喜欢跟他们一起玩儿，一起跳蹦床，或者我们一起遛狗。

所有友谊的榜样

“家长们，不要把自己看得太重要！”这句极具挑衅性的话不仅让美国心理学家朱迪斯·哈里斯的著作《教养的迷思》在1998年成为畅销书，而且还引发了全世界媒体的关注浪潮。这位科学家引人注意的论题是：到目前为止，父母对孩子的影响被大大高估了。对孩子全部成长起真正决定作用的并非是母亲或父亲，而是孩子的同龄朋友。他们对孩子的世界观和价值观有着巨大的影响，他们决定了孩子如何与自己、与他人相处——与之相比，其他任何形式的教育都无足轻重。

尽管这种对朋友在孩子成长中有巨大影响的重视态度值得称道，但哈里斯同时也贬低了父母的作用，这一点她做得太过分了。在成长过程中，孩子特别是青少年会更容易被自己的同龄人吸引，而不是自己的父母，这点虽然毋庸置疑，但这种“家庭无意义”的言论忽略了孩子们究竟是在哪里积累了自己最初的社会经验，忽略了当孩子长大后，这些经验对他们友谊的发展产生了怎样深远的影响。

孩子如何看待这个世界，很大程度上取决于他最早的经验。基本信赖感，也就是那种认为这个世界是个值得信任的地方、是个可以生存的好地方的原始感觉起着重要的作用。如果几个月的小婴儿发出或大或小的声音信号，马上就能得到体贴可靠的恰当回应，他的内心就能产生这种信赖感。具体说来就是，当婴儿饿的时候，就有奶喝；累的时候，就有人充满爱意陪他入睡；无论什么时候感到孤单，都可以被拥抱时，那么不仅其基本的需求如吃、睡、亲密感得到了满足，他对安全感的渴望也得到了实现。这个孩子会感受到："我可以依靠我的父母，我可以信赖他们，因为无论我做什么，他们都会陪在我身边，对于他们来说我永远值得爱。"当孩子内心形成这种基本信赖感时，他会

"孩子的第一个朋友是他的父母。"

——迈克尔·汤普森博士，美国儿童心理学家

把这种经验拓展到更大的范围内。父母对孩子来说代表着整个世界。之后孩子这种经验就能得以发展："我可以依靠我身边的人，我可以信赖他人。无论我做什么，我都永远值得被爱。"正是这种对自己无条件赞赏的态度，让孩子更容易找到朋友。因为这不是由于缺乏安全感去争夺别人的注意和肯定，而是在告诉别人，自己是值得被爱的。

正如父母的行为塑造了宝宝对世界的信任一样，在随后的几年里，通过大人彼此之间的互动以及与宝宝的互动，他学会了社会互动的方式。是的，目前关于儿童友谊主题的研究甚至可以得出这样的结论：对孩子来说，与父母的关系就像他所有未来社会关系的一个榜样。孩子在父母这里体验到了爱与重视、体贴与尊重、关怀与亲切，他们也期待从其他人那里获得这些感受。在父母这里，他们学习如何处理冲突和矛盾，在父母这里，他们亲眼看见和解是如何进行的。在这些方面，孩子的朋友确实对他们的发展有很大影响——但至少，我们父母对谁将是这些朋友、我们的孩子将如何与他们交往也起着很大作用。但我们并不是想控制或调节他的朋友关

人生的角色模型

系，只是要塑造他的观念，这样他才会知道，真正的朋友是如何相处的。

父母对孩子来说是重要的，甚至非常重要。因为当我们从一开始收到孩子发出的信号就给予温柔和体贴的回应时，彼此之间就建立起了一种稳定的联结，在这种爱和被爱的基础体验中，他们会慢慢成长起来。而且，即使在没有我们的情况下，他们也能感受到父母的拥抱和支持，从而以勇敢和自信的姿态面对其他孩子。能够敏锐地对他人共情，对他人的信号给予回应，这不仅仅是形成一份稳定的亲子关系的关键，还有助于孩子从我们身上学会什么是共情，什么是倾听，什么是原谅。所以，世界上再没有比父母更好的友谊训练师了。

“已经证实，有安全感的孩子能够更好地对他人的感受、想法和内心产生共情。”

——安妮 － 埃夫 · 乌斯托夫，
《最初的爱》（*Allererste Lieb*）

在一起就会没那么孤单

我们希望孩子在集体中永远拥有安全感吗？或者我们希望孩子对自己的优势和独立充满信心吗？针对这些问题的答案，不同文化之间出现了差异：在大部分非洲和亚洲地区，人会被自然而然看作是集体的一部分，而在西方世界里，近几十年却一直在贯彻自由的个体形象。如在美国、德国、奥地利和瑞士这些国家，父母在孩子成长过程中非常看重的一点是，孩子能够早点独立。如果孩子可以早一些学会抚慰自己、会自己玩耍，并能顺利地同父母分离，那就意味着，他之后也会更容易地适应社会对个人独立和强大的要求。如果他跟其他孩子或者成年人的关系太过亲密，就会阻碍这方面能力的发展。

但是从发展心理学的角度来看，孩子可以通过其他方式获得真正的独立性：即通过体验亲密的亲子关系和社会关系。这可能一开始听起来有些矛盾，但这就是每一段人际关系得以成功的秘密：安全感产生自由。一个在由家人和朋友构成的紧密的社会关系网中成长起来的孩子，一个在其中体验到共同玩耍、共同分享和共同生活的力量的孩子，会感受到，为了变好，为了能够被爱，他不必自己一个人独自完成所有事情。依恋研究专家、行为生物学家伽布鲁勒·豪格－施纳伯和约阿希姆·本塞尔称这种丰富关系网的成长方式为“亲密关系中的自主性”，并主张将它重新引入到西方育儿方式中去。

孩子的友谊是如何发展的

婴儿会交朋友吗?

婴儿是这个世界上最容易被忽视的生物。直到二十世纪，他们的哭声还被科学家和医生看作是“无意义的随意发出的声音”，他们的第一个笑容被看成“无意识的

> “所有跟孩子一同生活的人，与孩子建立关系的人，孩子日常生活中遇到的人，从其身上孩子能学到东西的人，都是孩子过往和经历的一部分。他们影响着孩子学习的成就和成长的过程。从孩子的角度而言，他们会从中选择那些对其有吸引力的、能促进其成长的人。”
>
> ——伽布鲁勒・豪格 - 施纳伯和约阿希姆・本塞尔，《发展心理学基础》(*Grundlagen der Entwicklungspsychologie*)

肌肉运动”，他们的疼痛则被看作完全不存在的事情。今天我们已经知道：婴儿出生时是有能力的小生命。出生后，他们不仅能马上辨认出父母的声音和母亲的气味，而且也完全处于各种社会关系中：他们观察一张微笑的脸的时间比观察一张阴沉的脸的时间长；在进行直接的目光交流时，几天大的新生儿已经能够模仿对方的表情了。这一切都表明：与他人进行交流是人类婴儿天生的本领。

从现代发展心理学的角度出发，通过这种行为，婴儿积极地促进了可持续亲子关系的形成。这点当然毋庸置疑——但只说对了一半。因为最新研究结果证实，婴儿的这种社会行为也让他们能够与同龄人建立亲密关系——通常情况下，成人并没有意识到这一点。他们认为，自幼儿园起，儿童才开始对友谊产生兴趣。在这之前，孩子最多是在开展平行游戏[㊀]，而不是共同玩耍。但是，这仅仅是婴

㊀ 平行游戏是指幼儿看似在一块儿玩，但仍是单独做游戏，彼此没有交流。——译者注

儿无能力论的众多偏见之一，对此我们尽可以无视。澳大利亚一个研究小组的工作证实了这些论调的荒谬，令人印象深刻。

悉尼查尔斯特大学的心理学教授本·布拉德利及其研究团队在2003年就已经证明，九个月大的婴儿对同龄人跟对妈妈有同样强烈的兴趣。科学家同时断定，即使不会说话，婴儿之间也能够进行密集的交流，并表露出丰富的感情色彩，如嫉妒、信任、依恋等。比如，婴儿会尝试互相安慰、互相逗笑、仔细观察对方、互相激励探索新事物。布拉德利得出结论：虽然亲子关系的确对孩子的成长万分重要，但并非是孩子开心的唯一决定因素，与同龄婴儿的互动同样也能赋予孩子学习和成长的机会，这跟与成年人的互动是截然不同的。“从进化的角度来讲，我们人类有一个社会型的大脑——大到足以应付复杂的群体生活，”布拉德利解释道：“在我们看来，婴儿是为这种群体生活而生的，因此已经做好了准备，他们不仅能同成年人交流，也可以同其他孩子建立良好的关系。”婴儿和幼童具体是如何交朋友的？

一岁的孩子就已经开始社交了

婴儿的友谊

“‘我漂亮的跳房子格子被冲走了！’萨拉大哭。这时，本又来了。‘我忘记啦！’他喊道，‘看，你可以用这根粉笔画一个新的跳房子。等一下，我来帮你！’他们马上开始行动。然后，整个下午他们都在跳啊跳，一直跳到累得不行。”

——伊利斯·范·德·海德和玛丽·托尔曼，《萨拉和神奇粉笔》（*Sara und die Zauberkreide*）

布拉德利的同事珍妮弗·萨姆森在2012年进行了一项后续研究。她得出结论：6~18个月的孩子已经能够掌握足够娴熟的技巧去结交朋友了。首先，他们会进行有目的的目光交流，然后小心翼翼地彼此触碰，最后作为亲密的信号，他们会交换奶瓶、水杯和奶嘴。这难道不是真正的友谊吗！

幼儿之间的友谊：绝不是所谓的平行游戏！

“三岁之前，孩子根本不会一起玩耍，最多是在进行平行游戏！”如果研究幼儿友谊的话，经常会碰到这种说法。这种评价的背景源自对“真正玩耍”这一概念的狭隘认识。两岁以下的孩子确实很少会玩儿那种带有对话的、有秩序的商店售卖游戏。但这并不意味着他们不会交朋友、不会一起玩耍，只是他们的玩耍方式跟年龄稍大的幼儿园儿童不同而已。我们还能经常看到，两岁的小孩子互相模仿对方。他们这样做，绝不是像在一旁观察的成年人有时臆想的那样，是为了取笑对方，不是这

互相影响

样的。这种模仿是一种认真的尝试，以使自己的行为同对方的行为相匹配。为此孩子必须要控制个人的感受，来使自己能够辨认、识别和模仿另一个孩子的感受——对于一个一岁半的孩子来说，这是一个了不起的行为，是他交朋友道路上的一个里程碑。因为：能够感知和反映他人的感受是所有友谊的基本前提，即使到了成年人的年纪，也是如此。

孩子之间的相互模仿

平行游戏是一种发生在两岁孩子身上的典型行为，出现这种行为并不意味着孩子在幼儿时期缺乏社交能力，恰恰相反：如果孩子们在同一空间、同一时间、围着同一个玩具箱自己玩儿，这已经是对孩子社交协调能力的一种要求，并形成了几个月后他们能真正一起玩耍的前奏。最迟在几个孩子对同一个玩具产生兴趣的时候，这种能力就能体现出来了：他们会来回展示、交换玩具，会扭打、争吵。在两岁孩子群体中，80%的矛盾都是围绕着“占有”这个主题引发的：现在这个玩具“属于”谁？他们内部已经形成了简单的规则，用于解决这些矛盾。我们可以观察到，全世界这个年龄的孩子已经形成了一种道德意识，最先玩某个玩具的那个孩子，获得了一种玩具所有权——其他人不能随意把这个玩具从他身边拿走。但是如果他不小心把这个玩具遗忘到了某个地方，又想要回来，他也失去了这个玩具的所有权。因为这个时候，那个正在玩这个玩具的孩子才是拥有者。当然，即便这些社交规则已经形成并被孩子们内化，也不意味着他们要一直遵守这些规则：违反规则也是学习过程的一部分。如果一个两岁的孩子直接从另一个孩子那里拿走玩具，之后他的压力变大的话，就表明他意识到了自己的行为不符合规则。然后，如果另外一个认为自己拥有该玩具所有权的孩子来要求重新获得这件玩具时，通常他会羞怯地归还“赃物”。在某些情况下，年幼的孩子仍需要成年人温柔的指导和帮助，但这个年龄的孩子就已经有能力从同龄人那里、与他们一起学习如何做朋友了。

我是不一样的——你也是！

城里来了马戏团，丽莎和艾米尔一起去看演出。回家的路上他们一起聊天，发现丽莎最喜欢老虎，而艾米尔最喜欢空中飞人。什么？我的朋友跟我喜欢的不一样？对幼儿来说，这种差别难以理解。等上了幼儿园，孩子们才开始在他们的社交关系中，通过活生生的例子认识到人与人是不一样的——人们对世界的感知也是不一样的。认知研究人员将这一重要概念称为“心智理论”，它让儿童（和成人）能够超越个人视野，即使他人的想法跟自己不同，也能够接受认同。

幼儿园的朋友：现在变得越来越有趣啦！

娃娃角、建构区、装扮箱——只要看一眼任何一所幼儿园的公共活动室，就能发现：小小的游戏专家们旁边放着各种各样的可以利用的工具，他们开始互动啦！

角色扮演

交流能力：“我们可以一起聊天！”三至六岁的孩子在没有成人帮助的情况下，已经能够互相交流了——这让一起玩耍变得更简单。

道德意识：“我们要遵守规则！”无论在语言还是在社交方面，幼儿园的孩子都有足够的能力通过谈话对某个游戏的规则达成一致意见。他们懂得，只有提前制定好适用于所有人的规则，很多游戏才能顺利进行。

共情能力：“我们要为彼此着想！”儿童在三岁左右的时候，就能有意识地从他人角度出发，并在某个瞬间用他人的眼睛看这个世界了。他们意识到，自己的行为对他人会产生哪些影响——只有考虑周全，游戏才能顺利开展。

没有同理心、缺乏交流和道德意识，就无法实现人际交往，因此在幼儿园，孩子们每天实践、练习并提升这些新获得的技能是非常重要的。无论在家还是在幼儿园，无论跟成人还是跟孩子，都需要练习这些能力。比如“妈妈、爸爸、孩子”这样的角色扮演游戏就很有意义。因为在玩这些游戏时，孩子不仅要模仿那些被他们视为榜样的成年人，还得一起聊天，要跟不同的角色和谐共处，要解决不断出现的矛盾冲突。幼儿园孩子身上特别典型的现象是，共同策划一场游戏的时间往往比游戏过程本身还要长。孩子们会详细地讨论游戏角色和流程，他们会给娃娃和玩偶起名字、定年龄，他们还会搭建豪华的居住场景——而一个角色扮演游戏，有时候几分钟就结束了。

玩“妈妈、爸爸、孩子”游戏

但是，这些策划、讨论、设计和协调本身就是游戏的一部分，这些环节极大地促进了孩子的成长，提高了孩子的交流能力。孩子们可以通过语言的方式，而不是身体的方式来应对棘手的情况。孩子们通常表现得极富创造力：我们经常会看到由多个妈妈和爸爸拼凑的超级家庭——一个新加入的孩子也会以一个刚从摩洛哥到达这里的姑姑的身份迅速融入正在进行的游戏中。此外，在这些游戏中，五六岁的孩子永远扮演主角，小点的孩子则不得不扮演婴儿或小狗，这并非是什么不公平的事情，而是一个巨大的机会——因为恰恰通过这些配角的表演，两三岁的孩子开始熟悉大孩子的游戏，并学习游戏中有哪些规则。一项研究表明，这些孩子在上小学前，已经可以很好地站在他人立场上考虑问题，因此能够更容易地交到朋友。

当然，这一切并不是从上幼儿园的第一天就能完美运作的。哪怕语言能力不错，三岁的孩子有时也会因交流不畅产生误解。而孩子们理解规则的概念，也并不意味着，他们会一直遵守这些规则。因为幼儿园的孩子在共同玩耍的过程中，形成了一种道德感，这种道德感的精确度让人诧异，他们明白什么是好的，什么是不好的。但是在将这种道德意识付诸实践时，本能冲动经常会变成拦路虎。不能让孩子压抑自己剧烈的情绪波动，但是要学会疏导这些情绪，从而不伤害任何人——对孩子来说，这是他们直到上小学都要“啃”的任务，有些孩子经历的过程甚至更长。

这时如果有个成年人温柔耐心地告诉他们，如何才能摆脱愤怒和绝望，并且不加指责地把问题解决掉，然后让孩子安心地跟朋友继续玩耍，就是对孩子莫大的帮助。

“我发现米娅是我的朋友，因为当我坐在马桶上时，她找人来给我擦屁屁。”四岁的阿努克说。

友谊的训练场——幼儿园？

在德国，三至六岁的儿童中大约有 95% 都要上幼儿园。他们中的很多人从幼儿园才开始进行家庭以外的有规律的社交行为，并学习如何跟同龄人建立关系。如今又新设了针对三岁以下儿童的幼儿园，随着德国幼儿保育体系的扩建，很多一两岁的幼儿也可以在幼儿园里跟他们的同龄人建立最初的社交关系。那些（还）没有将孩子送入幼儿园或托儿所的父母有时会担心，这种发展趋势会不会加大自己的孩子融入儿童友谊世界的难度。对于他们来说，重点是要知道：孩子需要其他的孩子，最好在三岁之前，或者至少在之后的几年中，他们要跟其他孩子交往，但不一定要在托儿所或幼儿园里。每一次游乐场的相遇，每一个爬爬班里，每一次跟要好的家庭的聚会，都是寻找朋友的宝贵机会，跟上幼儿园一样。

寻找朋友的宝贵机会

男孩儿什么样，女孩儿什么样

我的女儿林内娅上幼儿园的时候，有一个草绿色的新书包和一双红色的室内鞋，她很是骄傲。在幼儿园里，她很快跟艾米莉亚和菲利克斯交上了朋友，他们一起玩上学、购物、医生－病人和“妈妈、爸爸、孩子”的游戏。三年后，她上了小学，这时她坚持穿粉色的连衣裙，背粉色的书包。第一次课间休息时，她跟塞西莉亚、罗莎莉还有几个其他的女孩儿一起跳皮筋。当时她还有一个喜欢的男孩儿：特奥。但是她很快明白，在小学里，女孩儿跟男孩儿不容易成为朋友：如果其他孩子看到他们两个在课间一起玩儿，就会喊：“特奥和林内娅，你俩是一对儿吧！”并且起哄着说：“现在你们快点亲吻对方！快点亲啊！”尽管我们认真地告诉她，女孩儿当然也可以有男孩儿朋友（但不用亲他），林内娅还是很快迎合了小学里的规则：在这里女孩儿要跟女孩儿玩，男孩儿也要跟男孩儿一起玩。

心理学家埃莉诺·E·迈克比在她《两种性别：分别成长，始终合一》一书中指出，这种女孩儿群体和男孩儿群体的划分现象在全球所有文化中都存在：五岁到七岁之间的某个时候，男孩儿和女孩儿忽然会觉得对方很傻、很讨厌，便不再一起玩儿了。那些跟异性玩儿的个别孩子，会受到自己性别群体的嘲笑。从发展心理学的角度来看，这种划分有利于巩固个人的性别认同。迈克比说，女孩儿从女孩儿身上学习，怎样才算是一个女孩儿，同理，男孩儿

“我觉得，我们唱的歌听起来就像电视上的三个女明星。但是不出意料，那些男孩儿们立马开始惹我们生气。‘月光！女人就是吧啦－吧啦！’他们唱道。虽然他们唱的确实跟我们的歌押韵，但是好心情全被破坏了。这些男孩儿总是让人扫兴。”

——科尔斯滕·波伊，《海鸥街区的生日聚会》（*Geburtstag im Möwenweg*）

也是这样。在这个共同寻找身份认同的过程中，很典型的现象是，传统的角色模型被过分内化，根深蒂固的性别刻板印象也被绝对化了。而像我这样的妈妈，想把孩子培养成为现代的、开明的、能够平等思考和行动的人，有时根本无法忍受这种论调。

但幸运的是，发展心理学的研究表明，小学朋友之间关于什么是“典型的女孩儿”或“典型的男孩儿”的激烈讨论，并不会导致孩子一辈子都停留在这种传统角色模式中，只要——这是一个重要的前提——成年人能确保，除了芭比娃娃（或X战警）之外，孩子的生活中还有其他的角色玩具。依恋研究专家、行为生物学家伽布鲁勒·豪格-施纳伯指出：“在尝试和确定性别角色的时候，孩子不仅需要肯定和鼓励，还需要建设性的批评。”这就是说：女孩儿可以喜欢粉色书包，男孩儿也可以喜欢宝剑玩具，孩子们想拥有群体归属感没有错，但父母也要让他们明白，如果跟其他人不一样，也是正常的。女孩儿除了公主和粉色，男孩儿除了骑士和蓝色，也可以喜欢更多其他的东西。

关于角色的陈词滥调

虽然看起来不公平，但是那些天性和兴趣符合各自性别角色社会期待的孩子，在小学阶段更容易找到朋友。小小的“星球大战”粉丝们互相交换收集的卡片，“新晋公主们”一起制作珠子项链和友谊手链。男孩儿必须要表现得狂野和吵闹，女孩儿的样子必须要么甜美，要么文静——当我写下这些平面化角色形象的词汇时，甚至感到心痛，但这正是从小学同龄孩子那里得到的信息。狂野吵闹的女

狂野吵闹的女孩儿

孩儿，温柔敏感的男孩儿，他们的日子都不好过——后者甚至更难。因为在我们的社会里，一个“假小子式”的女孩儿会因为她的坚强和勇气赢得人们的尊重，而当小男孩儿哭泣或表现出软弱的时候，一定会有人告诉他：“你不要像个女孩儿似的。”

当成年人看到孩子跟同龄人很难相处，是因为他 / 她不是“典型的男孩儿” / “典型的女孩儿”时，很容易想让他 / 她变得更像男孩儿 / 女孩儿的样子。尽管结交朋友令人向往，但如果孩子必须为此做出改变或屈服，代价也过于高昂。他们会产生这样的想法：做我本来的样子是行不通的，为了让别人喜欢我，我必须先改变自己。因为性别认同往

所有和他一起长大的其他公牛都喜欢整天跑跑跳跳、互相抵角。只有费迪南不喜欢。他最喜欢安静地坐在那里，静静地闻着花香。

——曼罗·里夫和罗伯特·劳森，
《爱花的牛》(*Ferdinand*)

往是在个人性格和外部角色模型的相互作用下才得以形成的。这意味着：如果一方面孩子的外部环境已经告诉他，典型的男孩儿和女孩儿应有怎样的行为举止，但另一方面这个孩子仍然表现得格格不入，那么他的内心一定有一种力量在起作用，这种力量比任何社会期待和社会传统都要强大，它叫作——个性。这个孩子是独特的，是完全与众不同的。对父母来说，这意味着要进行一种高难度的平衡，父母要支持孩子，当孩子打破社会对他的性别期待时，仍旧要无条件地站在孩子一边。同时，如果孩子想主动体验另一种性别角色时，例如孩子想试试这样是否能更容易找到朋友，父母也要持开放性的态度。后面附加的这句话很重要，因为不管孩子身上出现的各种各样的问题有多么不符合社会规范，为人父母通常也会为自己的孩子感到无比骄傲，因为在父母眼里，自己的孩子是那么与众不同，那么自信满满地在自己人生道路上奔跑，又有什么错呢？因此，当孩子试图选择跟同龄人一致的衣服或爱好时，父母反而经常会以怀疑的目光打量他。但这时如果父母给孩子发出信号，告诉他不应该“屈服”，不应该“随大流”，这同样是在用角色期待给孩子施加压力，这种行为与那些不允许孩子与众不同的父母别无二致。在学校里改变穿戴风格或发型，改变兴趣爱好或行为方式，是否真的能让交朋友变得容易起来，这些问题的答案必须让孩子自己去寻找。这是一个具有开放性结局的实验：有时候，孩子确实能改变他在班级里的角色，有时候却不能。在这种寻找自我的困境中，我们父母需要为孩子做的主要有一点：无论结局如何，都要给予孩子无尽的爱。

社会压力

在青春期的门槛上：爱与性

九岁的生日刚过去不久，我的朋友卡塔丽娜就发现她儿子约翰的重大变化：他早上开始主动梳头，一定要喷点爸爸的香水，来让自己好闻一点，如果早上在校园里某个女孩儿对他微笑，他就会满脸通红。毫无疑问：约翰陷入爱河了！在小学快结束的时候，很多孩子都会第一次体验到这种温柔浪漫的感觉，对此他们通常既开心又迷惘。因为尽管他们的心动感觉丝毫不逊色于那些刚恋爱的青少年，但直到十几岁他们才开始慢慢懂得这种感觉的含义。虽然八九岁的孩子可能感觉到自己被另一个孩子所吸引，但在这个过程中，他们所渴望得到的亲密感，仍处于孩子阶段的依偎、拥抱和牵手，也许再加上一个笨拙的初吻，但是青春期的孩子会慢慢对性有所了解并产生渴望，这两者截然不同。然而，喜欢和恋爱的感觉不一样，喜欢跟某个人玩耍和被某个人吸引的感觉不一样——孩子们早已发现了这一点。但是感知这种温柔的感觉对他们来说并不容易，因为在他们的女孩儿或男孩儿群体内部，与异性群体依然保持界限。虽然“恋人”通常被人在暗地里羡慕，但是在明面上他们还是被嘲笑的对象。

“然后特伦克觉得太高兴了，他想给特克拉一个大大的吻，但这当然是不可能的。他只是说了一句‘我同意’，然后这两个人以握手的形式确定了他们的协议。而当特克拉带着可爱的微笑走上楼梯、消失在大厅后，过了好大一会儿，特伦克的脸仍像一个十一月份熟透的苹果一样红。”

——科尔斯滕·波伊，

《小骑士特伦克》（*Der kleine Ritter Trenk*）

“要是跟别人不一样，就不会那么受人欢迎。”

以下是对十岁的托比亚斯的采访：

问：托比亚斯，你的朋友是谁？

答：其实我只有一个朋友，本。但是他喜欢我的时间并不长。之前在学校里我总是独来独往。

问：怎么会这样呢？

答：二年级的时候我才搬到这里，新学校里他们其他人彼此都认识，但我是新来的。因为他们的德语特别好，我最开始什么也听不懂，有一次我在课上甚至都哭了。男孩儿不应该哭的，真丢人。

问：这有什么丢人的？

答：好吧，我就是这样一个爱哭的人。要是女孩儿的话倒没什么，确实没什么。作为男孩儿最好永远都不要哭，而且男孩儿必须得收集足球卡片互相交换。但是我对这个并不是特别感兴趣，我更喜欢看书，但这好像不怎么讨人喜欢。

问：那你是怎么交到本这个朋友的呢？

答：在一次调解矛盾的时候。我是我们学校的矛盾调解员，要是操场上有孩子吵架，我就去调解，帮他们重归于好。有一次，本跟他们班里一个同学吵架了，那时他才上三年级，当我跟他聊天的时候，他说，他更想跟我一起玩儿。当时我感觉自己真的太幸运了。

“谈恋爱是件超级尴尬的事情，”我们邻居那个八岁的孩子前不久跟我说，“要是谈恋爱了，一定得注意，千万不能让别人发现。”因此重要的是，父母要告诉孩子，恋爱不是一件让人羞耻的事情——无论多大年龄。同时，我们家长应该牢记，小学生已经对自己的性取向有了初步的认识——而当他们发现，自己被同性的而非异性的孩子所吸引时，往往会吓得魂不附体。因为即使离自己爱情理想实现的那一天还有很长时间，四岁的孩子也已经知道，公主是要跟王子结婚的，而不是跟公主。

第三章

小集体、团队和最好的朋友

在儿童的友谊世界里，会形成各自的群体动力，其特点是集体感和界限感。因此，当他们同朋友分别时，就会格外痛苦。

每个集体都有自己的规则

我的女儿安妮卡四岁了，在幼儿园里她是玫瑰花小组和向日葵小组的成员。其间她还加入了蜻蜓小组，这个小组对她很重要：如果她要给爷爷奶奶画一幅画，会先用大写字母签名，然后在旁边画上一只蜻蜓。毕竟，她不是随随便便哪一个安妮卡，她是蜻蜓小组的安妮卡。

有归属感才有认同感

对于儿童来说，成为某个集体的一分子，是他们身份的重要组成部分——而且，不仅仅对他们来说是这样，即使我们成年人，也会不假思索地把自己归入某个对我们影响甚大的集体当中。我们是北方人或南方人，是莱茵地区的人或黑森人；我们是老师或幼儿园保育员，是面包师或理疗医师；我们是家长代表或收银员，是业余

集体给孩子的归属感

音乐家或业余运动员，是狂欢节协会或维权组织的成员……此外，我们也是一个学校、一个社区、一个朋友圈子和一个家庭的成员。这些集体有些是我们自己选择的，有些是我们生来就有的，还有一些是外部环境赋予的——但是在每个集体里，我们都有属于自己的位置和角色。成年人对这种事情已经太习以为常了，以至于意识不到，我们必须首先要学习如何成为集体的一分子，如何在其中找准自己的位置。孩子们每天都在做这件事情，就像我们一样，他们活动在由外部环境决定的群体里，比如在幼儿园或小学的班级，比如足球队或木笛乐队这样的兴趣小组里，比如在他们业余时间一起玩儿的孩子圈里。由于教室、幼儿园、音乐学校和体育俱乐部里大多是由成年人制定规则，因此当孩子们课余时间跟朋友在一起的时候，才能学习到什么是集体，什么是各自的群体动力。

跟女孩儿相比，男孩儿更喜欢跟一群朋友玩儿：六岁以后，男孩儿平均四分之三的课余时间都会跟至少两个其他朋友一起玩儿，而同龄的女孩儿跟一个以上孩子待在一起的时间只占她们业余时间的五分之一。剩下的时间她们更愿意跟自己最好的那个朋友一起度过。但无论是亲密的两人组，还是庞大的朋友圈，孩子们都有强烈的需求，要通过对外划定界限加强与朋友的关系，并通过象征物和仪式感对内增强彼此的友谊。

对外划定界限的典型做法有：

- **明确的标准。**规定谁可以加入这个群体，谁不可以——比如，只有某个社区或某个特定学校的孩子才有资格加入。
- **言语贬低。**针对那些不被允许加入的孩子进行言语上的贬低——他们可能会说“这些愚蠢的男孩儿”，或者是“一年级的小孩子”。

成年人通常会批评这种行为是不友善的、可恶的，并会要求他们的孩子友好一些，要让所有人一起玩。这个愿望可以理解，但是它忽略了一个事实，每个群体都是通过归属或者不归属其中来定义自己的。如果一个俱乐部，任何人在任何时间都可以加入的话，那么成为它的成员也就没有什么特别之处了——而这种特别之处正是孩子、同样也是我们所向往的。因此我们一定要允许孩子结成团体，结成不是所有人都可以加入的团体。如果各个团体通过贬低对方的方式互相划清界限，同时团体内部的成员不断彼此肯定的话，那么在这个过程中通常

划清界限

没有人会受到伤害。这样，从自己群体里获取的支持就超越了来自外部群体的攻击。同时一件正确且极其重要的事情是，要让孩子明白，排挤单个孩子的做法特别令人讨厌，而且会造成伤害，如果所有的群体动力都朝霸凌的方向发展的话，是绝对不可以的。

孩子们会通过下面的方式对内加强与朋友的关系：

- 特别的仪式，比如打招呼或告别的方式。
- 自己创造的秘密语言或文字。
- 只有朋友可以使用的绰号。
- 一个团队名称。
- 有自己的荣誉准则，首先强调相互团结。
- 共同的兴趣和活动。
- 互相写信、写卡片、送礼物。
- 友谊的象征。

女孩儿大多更倾向于浪漫而明显的友谊信物，比如友谊手镯、心形吊坠和友情信件。男孩儿表现亲密的方式微妙一些，比如穿相似的衣服或者留相似的发型。因为

“作为好朋友，就要互相写信，一起去游乐场，彼此喜欢。如果我们吵架了，我会先让我朋友安静一会儿，过一会儿我再去找她，送她一些我在路上见到的东西。友谊美好又重要，但有时也很累。有一天，我跟很多朋友一起，我一会儿要帮这个，一会儿要帮那个，我不能一次性帮助所有人——然后我必须要做出决定，我可以最快地帮助谁。这真的很累人！”

——容雅，七岁

“就在这样一个冬夜里，他们静静地站在那里向外看。星星照耀着维拉·维洛古拉的房顶。皮皮就住在这里，她会永远住在那里。想到这一点真是令人高兴。”

——阿斯特丽德·林格伦，

《长袜子皮皮》（*Pippi in Taka-Tuka-Land*）

在男孩儿中，任何形式的温柔都会被看作超级尴尬的事情，于是就产生了其他身体接近的方式，尤其是摔跤和打架。男孩儿的典型特征是，在所有的游戏中，他们都会表现出夸张的想要支配他人的行为和强烈的竞争情绪。鉴于这种尤其在男孩儿友谊中展现出来的阳刚之气，人们往往低估了男孩儿的共情能力有多强。比如，当一个男孩

“如果有一个朋友，我们就必须要和他一起玩。”

以下是对五岁莫里茨的采访：

问：莫里茨，谁是你的朋友？

答：提姆、哈坎和特奥。

问：你们一起都做什么呢？

答：我们惹女孩儿生气，设陷阱。

问：到底怎么样才能找到朋友呢？

答：就到处溜达着找。如果找到一个朋友，想留住他的话，就必须要跟他一起玩。

问：朋友意味着什么？

答：当然是要相互喜欢喽！

生活方式

小生活轻松过

漫画断舍离——
画风温暖，治愈人心。

我的小生活，先从一天扔一件东西开始。

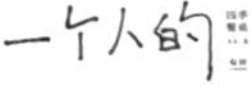

一个人的四季餐桌

既有硬核烹饪技巧，又有态度和温度，国内首部本土化的“一人食”料理书：伴你尝尽四季时令之食，手把手陪你制作96道精致一人食料理。

咖啡入门

冠军咖啡师的咖啡课

世界冠军咖啡师的趣味解说，轻松入门的咖啡课。

我的咖啡生活

器皿+道具+咖啡豆+享受咖啡的时间和空间，带给你不一样的生活态度。

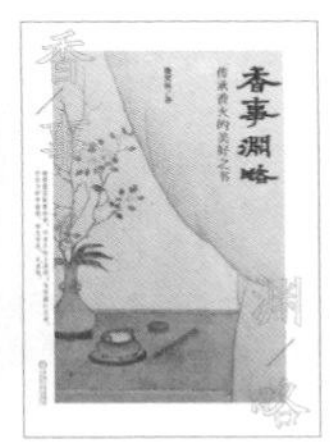

香事渊略

传承香火的美好之书

一本识香、品香、用香的美好之书。

点茶之书

一盏宋茶的技艺与美学（文创礼盒）

从宋代点茶技艺入手，将点茶美学和宋代美学在一套文创产品中全面展现。

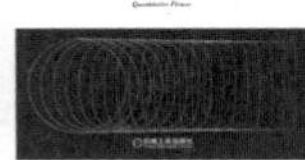

量化健身：原理解析　**量化健身**：动作精讲

从解剖学、生理学、营养学角度量化解析增肌减脂的动作、计划、训练、饮食。训练内容配备极其详细的动作技巧讲解、易错点分析和纠正，助你充分理解动作，提高健身效率。

家庭教育

亲子正念瑜伽

助力孩子成长、建立身心认知，使亲子共处变得更有趣、有意义。

动起来！

专业教练给孩子的体能课

全面的儿童体适能训练方案，详细讲解了提升体能素质的58个黄金动作。

你好青春期

心理学专家精选的50多个青春期心理咨询经典案例集，涉及孩子生活的方方面面，帮助读者更好地应对孩子的青春期。

陪孩子走过青春期

让家长和孩子度过开心快乐的青春期。

拥抱抑郁小孩

15个练习带青少年
走出抑郁

15个亲子互动工具组成的一套抑郁应对方案，帮助孩子一步一步调整情绪、转变想法、改变行为。

从我不配到我值得

帮孩子建立稳定的价值感

畅销书《打开孩子世界的100个问题》作者新作！帮助孩子建立稳定的内在坐标，打开孩子的自爱之门。

我是妈妈更是自己

活出丰盛人生的10堂课

每一个妈妈都值得先照顾好自己！系统家庭治疗师写给妈妈的成长路线图。

立足未来

今天的孩子如何应对
明天的世界

2023年中国创新教育年会年度十大推荐好书。帮助孩子们准备好应对快速变化且充满挑战的未来世界的必读书，提供了青少年立足未来的成长路线图。

成功/励志

不生气的技术　不生气的技术II

生气时的消火秘籍+不生气的底层逻辑。系列狂销100万册，转变人生的契机，就从主导自己的情绪开始！

零基础练就好声音

一开口就让人喜欢你。

快速跨专业学习

4种知识迁移能力+5种解构知识方法+5种学习思维，助你快速成为具备跨专业学习能力的博学之人。

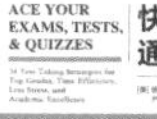

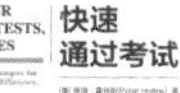

快速通过考试

本书分为考试前中后三大部分，涵盖学习方法、考试策略、考试技巧等，助你快速通过考试。

快速学习专业知识

本书从学习状态、收集和吸收信息、科学记忆法等六方面展开，告知读者如何快速学习专业知识并成为一个领域的专家。

快速阅读

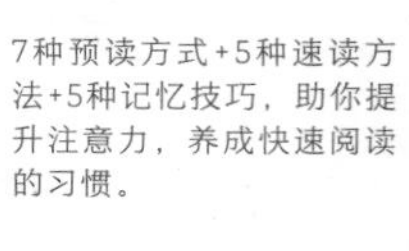

7种预读方式+5种速读方法+5种记忆技巧，助你提升注意力，养成快速阅读的习惯。

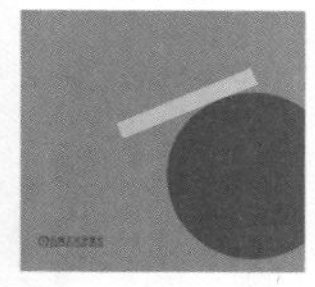

快速掌握新技能

能让你更快速、深入和有效学习的各种工具和技术，八大板块打造学习闭环。

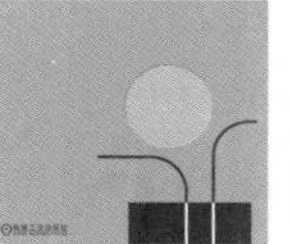

快速掌握学习技巧

4种课堂学习法+6种精通学习方式+7种时间管理法+8种记忆方法+5种应对考试策略，助你从容学习。

少儿成长

学汉字有方法

3000个常用汉字，15个识字主题，全拼音标注，趣味翻翻卡，通过童谣、成语、字谜、识字小游戏，帮助孩子轻松跨过识字关，早一步开启独立阅读！

瑞莉兔魔法有声英语单词

日常情境翻翻游戏，100面语音卡，智能双语插卡机，乖宝宝英语学习的好帮手。

瑞莉兔双语情境翻翻书（全四册）

42个主题场景，800个中英文词语，乖宝宝英语启蒙好朋友。

好玩的成语解字胶片书（全四册）

这既是一套从语文课本里精选出来的成语书，也是一套通过成语学习汉字的趣味胶片游戏书！

瑞莉兔奇妙发声书（全四册）

柔和美妙又有趣的声音，带给小宝宝们新奇的“视+听”阅读体验。

幼儿情景迷宫大冒险（共6册）

6大主题：自然、城堡、童话、人体、海洋、太空。挑战眼力和脑力！

我们的传统节日

春、夏、秋、冬

著名民俗学专家写给孩子的传统节日绘本，包含了春夏秋冬四季中的16个节日，配以童谣、字谜以及小手工游戏，让孩子轻松了解和传承传统文化。

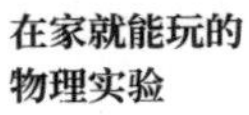

在家就能玩的物理实验

专为6~12岁的儿童设计，附赠材料包，带你一起玩一系列有趣的科学实验。

少儿成长

小手按读 巧学汉字Aipad

600个生字，600多个组词，用思维导图的方法学习汉字！

汉语拼音 点读AIpad

学龄前和小学阶段孩子适用，汉语拼音学习全套解决方案！

小手按读 逻辑数学AIpad

80张卡，1150道题，承接幼升小数学启蒙的发声学习机。

瑞莉兔 专心静静贴（全四册）

一套宝宝可以一个人玩的静静贴。

童眼识天下

实景图片，带孩子领略世界的丰富和多元。

小手玩大车（全两册）

以酷车、工程车为主题，内含翻翻、抽拉、大立体等工艺，锻炼孩子的精细动作，提升手眼脑协调能力。

瑞莉兔有声场景挂图

哪里不会按哪里。操作简单，测试练习，早教学习小帮手。

军事天地 经典童谣 交通工具 三字经 建筑工地 英文儿歌
海洋馆 唐诗 动物园 认识数字

金色童书坊（共13册 彩绘注音版）

用甜美故事浸润孩子的心灵！

成功/励志

冲突沟通力

破解冲突的4个步骤+不同场景的17个沟通技巧+生动鲜活的家庭故事，助你轻松掌握化解冲突的能力！

转化羞愧，绽放关系

全方位探索羞愧、愤怒、内疚等不良情绪，提供了大量转化不良情绪的方法和练习。

366天平和生活冥想手册

荣获著名的富兰克林奖！每天10分钟冥想，浸润非暴力沟通智慧，引导你走向平和生活，远离混乱和冲突！

安居12周正念练习

一套融合了非暴力沟通与正念冥想的核心智慧，在家就能轻松实践、持续成长的12周练习指南。包括小组练习、一对一伙伴练习和个人练习。

反驳的37个技巧

令人尴尬的话题如何反驳？本书为你提供了37个反驳技巧，既让对方能接受，又让自己心里畅快。

他人心理学

破解行为密码，解读他人心理，从小动作瞬间了解他人心理，成为社交达人。

与谁都能轻松融洽地聊天！

闲聊的50个技巧

"今天天气真好啊！""是呀！"，然后再聊什么呢？本书会给你答案。

我的家人抑郁了

本书不仅是一本指导如何帮助家人战胜抑郁的实用手册，同时也是一本关心自己心理健康、预防抑郁的贴心指南。

家庭教育

户外探索教育系列工具卡

《森林实践活动指南》
《儿童户外探索活动指南》
《体验式教育经典游戏》

汇集一线创新教育机构精选的172项户外探索教育活动项目，国内首套能拉近孩子与自然关系的便携实用工具卡。

状元学习法

全书汇集十余位清华北大的状元在学习习惯、学习方法、目标管理等方面的优秀经验做法，包含4本书和30节视频课。

儿童情绪自控力工具箱

美国“妈妈选择奖”获奖图书，引导孩子通过101个易用、有趣的小工具和小方法科学地调节情绪。

超会学习的大脑

中学生备考学习法
（学习套盒）

英国教育学家×香港中文大学心理学博士联袂打造，一套游戏化、可互动的学习大脑升级方案，帮你快速成为学习高手。

套盒

打开孩子世界的100个问题

德国儿童与青少年心理学家写给父母和孩子的亲子沟通游戏书。100个脑洞大开的问题，开启一场亲子真心话、大冒险。

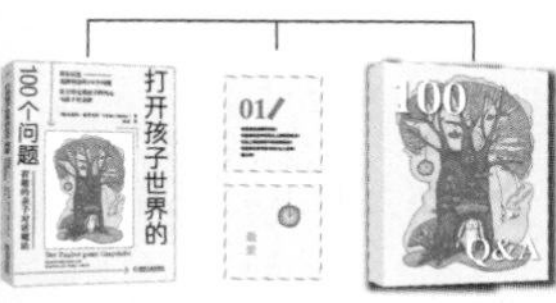

图书

互动卡片

成长记录本

套盒

有人听到你

超级育儿师兰海凝练的实用家庭教育指南！为家长和孩子各自配备专属读本，围绕15个经典问题，帮助中小学生家庭解决实际问题，改善亲子沟通。

成功/励志

像高手一样发言

公式+图解，解决公务员(体制内员工)当众讲话的七类难题。

像高手一样脱稿讲话

模拟场景+鲜活案例+口诀公式，系统、全面、专业的方法，助你轻松脱稿讲话。

朋友
理解友谊的力量

“150定律”提出者罗宾·邓巴关于友谊的最新研究成果；你在友谊中可能遇到的任何问题都会在这里找到答案。

人生拐角
生涯咨询师手记

本书是一位资深生涯咨询师多年咨询经验的呈现，也是对人生拐角这块指示牌的破译。

富足人生
智慧进阶的十二堂课

富足是一种持续追寻的状态；富足的状态是有迹可循的。12个工具，助你找到富足状态。

非凡心力
5大维度重塑自己

心力是一个人最底层的素质技能，是决定成功和幸福的最关键能力。

卓越关系
5步提升人际连接力

所有烦恼都是关系的烦恼。一切“为”你而来，而非“冲”你而来。变束缚为资源，化消耗为滋养。构建和谐关系，绽放完美自己。

如烟女士去做生涯咨询

本书以一位典型职场人士在青年时期的实际生活案例为主线，详细介绍了应对不同生涯问题的解决思路及十七个实操工具。

职业重塑
四步完成生涯转型

助你找到正确职业方向，用更短的时间走更合适的路。

家庭教育

给孩子的8堂
思维导图课

全网畅销20万册。思维导图创始人东尼·博赞推荐的行业领袖，王芳、庄海燕鼎力推荐的思维导图教练，帮助孩子快速提升学习力。

这样说，孩子学习更高效

资深实战派教育专家李波老师，分享老师不说、家长不懂的亲子沟通方法，让孩子爱上学习就要这样说。

孩子如何交朋友
读懂儿童的友谊

理解儿童世界中的友谊规则，支持孩子在“交朋友”中成长。

对孩子说“不”
父母有边界，孩子守规则

用养育中的“边界感”，培养自信、独立、有同理心的孩子。

真朋友，假朋友
给青春期女孩的友谊指南

畅销欧美的青春期女孩友谊指南，九大友谊真相，让女孩从小学会交朋友，远离社交孤立和校园霸陵！

亲子日课

6大成长维度，365个亲子陪伴工具，每天10分钟亲子时光，营造每日一次的“家庭仪式感”。

和孩子约法三章
支给零花钱的规则

小小零花钱，
藏着孩子未来的大财富。

和孩子约法三章
使用手机的规则

手机是亲子沟通的桥，
不是冲突的导火索。

解谜益智

古蜀之谜纹蜀碑

三星堆考古主题，包含大型木质机关的解谜游戏书，在家能玩的密室逃脱游戏。

变形金刚
决战塞伯坦三部曲
创作集

网飞动画首次推出创作设定集，全面揭幕“塞伯坦三部曲”。

仙镜传奇

《镜之书》解谜游戏书的前传故事。

镜之书:天启谜图

故宫主题的解谜游戏书，可以去故宫实地探访解谜。

古蜀之珑岭无字碑

古蜀解谜游戏书系列第二部，延续三星堆考古主题，创新木质机关玩法。

逃脱游戏1 **逃脱游戏2** **逃脱游戏3**

引进自法国的著名桌面密室逃脱游戏，演绎精彩的冒险故事，带领读者走进奇幻的探险旅程。

儿在家里或学校有了麻烦时，他的朋友们就会觉得，把他从困境中解救出来这件事往往涉及荣誉的问题。让朋友抄家庭作业，不告诉别人谁是打翻油漆桶的始作俑者——在实践这些朴素的友谊时，男孩儿们往往“世界无敌”。

最好的朋友

当我朋友弗劳克三岁的时候，有一天她正在花园沙坑里玩，突然一个跟她差不多大的小女孩儿坐到了她的旁边，然后就开始烤沙子蛋糕。不一会儿，一位张皇失措的奶奶跑到花园门口，见人就问，她三岁的孙女从自己的生日宴会上逃跑了，有没有人看到她？又过了一会儿，这个跑丢的小女孩儿又回到了她的礼物桌前——旁边坐着弗劳克。因为仅仅在沙坑里玩了一小会儿，两个小姑娘已经彼此喜欢得不得了，所以让“小寿星”一个人回去的任何尝试，都以眼泪宣告失败。现在，弗劳克已经四十岁了，那个沙坑里的小女孩儿仍是她最好的朋友——永远都是。

是的，那些沙坑里的友谊确实存在——即使不是所有这样的友谊都能持续一辈子。但是很多孩子知道，他们渴

烤沙子蛋糕

望的不仅仅是拥有一群朋友，他们还渴望拥有那么一个特别的、灵魂契合的伙伴。这种渴望在七至十岁之间变得尤为强烈。因为在这个阶段，孩子们在情感上逐渐做好了准备，准备放松与父母之间几乎共生的紧密联结，从而在青春期能够自由地建立新的其他的联结。如果孩子找到了这样一个最好的朋友，那么这个朋友一般跟他年龄相仿、性别相同。小学阶段的友谊有一个显著的特征：朋友们会一起行动、一起玩儿或者一起做其他什么事情。那么对于孩子来说，最好的朋友与其

尊重孩子的感受

他那些朋友的区别是，跟最好的朋友一起，除了玩儿，他们还能一起无所顾忌地聊天。特别是女孩儿，她们认为，同最好闺蜜的交流是最重要的。无论男孩儿还是女孩儿，如果孩子有一个无比信任的朋友，可以和他一起谈天说地，那么他们就向成年迈出了重要的一步。现在遇到了烦心事儿，他们不仅可以向父母求助，身边还有另一个亲密的人可以倾诉。朋友对自己的烦恼非常理解，因为他往往也经历过这些事情。难怪当我们问小学年龄段的孩子什么是真正的朋友时，会涌现出新的答案：朋友不仅仅要友善，能玩到一起，而且还要能够保守秘密。

过去人们往往低估了这种“最好的朋友”的重要性。如果一家人搬家了，孩子肯定要转去另一所学校，但是，家长对孩子与朋友的分离没有给予足够的重视——因为他们猜想，小孩子的友谊其实就是一起玩耍，并没有什么深厚的感情基础，孩子很容易就可以找到新的朋友。

实际上，当孩子跟他最好的朋友分开后，在长达几个月的时间里，他们大多都会感到伤心，并深深地思念朋友，

永远到底有多远？

弗里德里希·尼采曾说过："一切快乐都要求永恒。"这位著名的哲学家用这句话准确地表达了大人小孩儿都懂的那种感觉：所有美好的事情最好永远不会结束，特别是友谊。小学时，孩子们就认同"真正的朋友应该一辈子永远在一起"。尤其是女孩儿，她们会把这种愿望表达出来，会把自己最好的朋友称作"BFF"——"永远的最好的朋友"（best friend forever）。事实上——从纯数据上看——持续至少七年（大约从幼儿园到小学毕业）的友谊，成年后依然存在的可能性很大。但是对有些孩子来说，这类数据的说服力不足。毕竟，就像我们大人一样，朋友是否永远是朋友，不仅仅取决于一起度过的时间长短，还取决于人生道路的发展，梦想有时会一起展翅翱翔，有时却会分道扬镳，以至于彼此的亲密感渐渐变少。除此之外，如果双方父母也互为朋友的话，孩子成为一辈子朋友的概率最大——因为遇到节假日或者一起度假的时候，他们的见面机会自然而然会增多，可以保持长期联系。

这是很正常的事情。因为哪怕孩子表达爱的方式跟我们大人有所不同，他们的感情却一点都不见得少。

因此，作为妈妈，我真诚地建议大家，给孩子最好的朋友在家里留一个特别的位置。因为正如我们自己的好朋友对我们来说“属于家人”一样，孩子的好朋友也应该感到，在这个家里他是特别的人。比如，邀请孩子的好朋友参加家庭聚会，给孩子的朋友送一份生日礼物或者一张圣诞贺卡。通过这样的方式表达我们的感谢和珍视，因为他们是孩子在世界上最重要的人之一。

与朋友的离别

我爸爸五岁的时候，随同他的父母和兄弟姐妹搬家，离开了他最好的朋友。新家距离原来的城市有五十公里远，写信对这两个孩子来说又太难了，打电话可能太贵了，当时，没有一个成年人想到，利用周末时间让两个男孩儿见一面可能很重要。于是，我的爸爸再也没有见过他的朋友了。

在我八岁的时候，我两个最好的朋友，邻居的一对姐妹，也同样搬家了。从斯瓦比亚汝拉山到弗兰肯足足有两百公里。我们的父母很贴心地为我们做了很多，他们和我们一起举办了一次送别会，帮我们写信，寒暑假的时候我们也会经常找对方玩。

远程友谊

现在我自己有了两个女儿，林内娅和安妮卡。尽管她们一个七岁，一个才四岁，但人生中已经经历好几次搬家了。每次我们搬得都很远，每次孩子都要同好朋友分别。但是，她们跟每个地方的好朋友都保持着紧密的联系：小女孩儿们会画一些画，然后互相寄给对方，大孩子们则会互相写信。

我的孩子两岁的时候就知道视频电话怎么用了，之后就通过网络视频跟她们的朋友保持联络，不管朋友们在不在德国。我们大部分的假期都用于跟孩子的朋友及其家人一起玩或一起度假。我七岁的女儿林内娅实际上有三个最好的朋友：马尔堡的艾米莉亚，林内娅在那里出生并上了幼儿园；伦敦的艾丽卡，林内娅在那里上小学；还有莱比锡的塞利西亚，我们现在生活在这里。她跟这三个女孩儿关系都很亲，跟所有人都经历过一段共同的时光。“有时候，不用思念也许会更美好，因为我们所爱的人，都在身边。”林内娅说，“但是思念也意味着，彼此没有忘记对方。这也是一种美好。”

远程友谊

现在有越来越多的家庭要带着孩子搬家，一方面是因为现代职场越来越要求我们能够适应工作地点的不断变化，另一方面也源于我们的冒险精神：如果有合适的选择，很多家庭会马上去国外待上几年，或者暂时搬去另一个有趣的城市。对于孩子来说，这些构成了孩子丰富多彩的经历。搬到一个新家，甚至也许要去探索一种新的文化，能够拓展孩子的视野，并给予孩子一个机会，让他去发现自身以及新鲜的外部世界。同时，随之而来的离别也是一个巨大的挑战，必须得到妥当的处理：孩子们可以跟好友进行礼貌的道别，真切地期盼相逢，利用现代科技让彼此距离缩短——比如通过写信或邮件、电话或视频通话。

通过这种方式与以前的朋友保持联络，并不会像有些父母担心的那样，影响孩子结交新的朋友。相反，恰恰是因为孩子知道，虽然在新幼儿园或新学校里他还不认识其他孩子，但是自己已经拥有了一些朋友，这样他们会表现得更加自信和乐于沟通，也就会更容易找到新的朋友。有的时候，当新的好朋友占据了以前好朋友在自己生活里的位置时，孩子会产生一种矛盾心理，这时我们会跟女儿聊天，开导她们，向她们保证，不必马上做出决定。我们对孩子们说，就像人们在很多地方都有家一样，她们也可以在很多地方都有一个最好的朋友。哪怕不同地方的好朋友在某个场合碰面了——比如在一次孩子的生日聚会上。我们也可以对孩子们解释，这个好朋友和那个好朋友之间不是竞争关系，她们都是以自己的方式成了你最好的朋友的。

当一个朋友逝去

孩子必须要承受的一个无比沉重的离别是朋友的去世。令人稍感幸运的是，这种令人心痛的情况很少见。但是，德国每年由于疾病、事故、暴力犯罪或自杀而失去生命的儿童大约有 2 万名，留下的不仅仅是悲痛欲绝的家人，还有痛苦万分的朋友们。对于父母来说，这是一个无比艰巨的任务，他们不但要安慰和鼓励孩子，同时自己也要消化这件事情，另一个熟悉的、跟自己孩子一样大的孩子已经永远离开了这个世界。从每一个心理创伤案例来看，处理朋友死亡对孩子的影响，没有什么灵丹妙药，也没有什么简单的解决办法能够告诉人们接下来该怎么做。但是，每逢灾难过后，危机介入团队和儿童心理学家都会给父母提供一些建议，这些建议同样也适用这种情况：现在最重要的事情是，要让孩子在万分悲痛、害怕和绝望的情绪中感受到温暖和爱，要让他明白，虽然他很痛苦，但并不孤独。此外，专家们还给出了下面这些建议：

1. 告诉孩子真相

当父母得知孩子的某个朋友去世的消息时，第一反应是先保密，让孩子再过一天或一个晚上没有痛苦的日子。但很遗憾的是，消息往往会像野火一般迅速传开，孩子极有可能会从其他人那里得知这个可怕的消息。因此如果可以的话，一旦父母知道孩子朋友去世的事情，自己就要马上调整好心态，接着就要跟孩子谈论一下这件事情。父母一定要尽可能平和且耐心地向孩子解释发生了什么，并要给孩子提问的机会。哪怕孩子年龄很小，也不要用一种弱

“他一遍又一遍重复着同样的话：‘他一直都在那儿！可是现在他不在了！’洛维斯说：‘马提斯，你知道的，没有人能永远活在这个世上。我们会出生，我们会死亡，永远都是这样。你在伤心些什么呢？’‘但是我想他！’马提斯喊道，‘我太想他了，心里像刀割一般难受！’”

——阿斯特丽德·林格伦，

《绿林女儿罗妮娅》（*Ronja Räubertochter*）

化的、模糊的语言来回避事情本身：如果孩子听到有人“永远地睡着了”，他会期盼着这个人再次醒来。尽管让孩子直面死亡这件事看起来很残忍，但是他们需要知道这件事情的确切消息，他们也有悲伤的权利。

2. 给予孩子安慰和安心感

不管孩子听到朋友去世的消息作何反应，都没有问题。此时此刻，没有什么行为是得体或不得体的，没有对，也没有错。听到这种可怕的消息，有的孩子表现麻木，几乎没有反应，有的孩子则会哭喊或者开始歇斯底里地大笑。无论发生了什么，现在孩子需要的是关心、爱和安慰以及安心的感觉。要让他知道，他可以倾诉自己所有的心里话。

3. 缓解孩子的恐惧情绪

当朋友去世时，孩子也会意识到，终有一天自己也会死亡。在悲伤和绝望的情绪中，往往还夹杂着恐惧和害怕：我会不会也发生这样的事情？这个问题丝毫没有不尊重的含义，反而值得父母认真诚恳地去看待和回答。父母需要传递给孩子最重要的信息是，每个人都会死亡，没有人能提前知道自己能活多久——但是儿童死亡并不多见，所以可以告诉孩子，他长寿的可能性很大。

4. 告别仪式

参加朋友的葬礼或追悼会，能够帮助很多孩子接受朋友的逝去，并能帮助他们同朋友告别。如果去世孩子的家人同意，年幼的孩子也可以参加。有人担心孩子可能会遭遇精神创伤，这种说法通常毫无根据。因为在极度悲伤和痛苦中，跟我们成年人相比，孩子应对死亡的方式更加坦然。仪式结束后，孩子可以在朋友的墓前送上一朵花或一幅自己画的画，或者向天空放飞一个气球，让它给朋友送去自己的问候。

5. 给予支持

孩子陷于对朋友逝去的悲痛中是完全正常的一件事。悲伤情绪具有波动性，有时剧烈而无法控制，有时绝望而心灰意冷。但是如果过了数周，孩子仍旧精神迷惘、没有

给朋友送去自己的问候

胃口、睡眠有障碍、不跟其他孩子玩的话，那就急需专业人士的帮助了。比如，在很多临终关怀医院里就有专门针对孩子的心理医生团队。

如果自己所爱的朋友去世，孩子们通常会做出一些有时在外人看起来很奇怪的行为：他们为逝去的人画画，给他做手工礼物，为再次相见制订活动计划。有些孩子在墓地和朋友坟墓前，会有成年人不愿意看到的表现：他们不会哭，反而会笑，不会安静虔诚地站在那里，反而一直嬉闹玩耍。然而，恰恰在这种充满生气的氛围中，孩子与朋友之间的共同回忆才能永不消逝。

孤独的父母

当失去孩子的父母遇到孩子的朋友时，可能会非常难过，特别是当他们看到同龄的孩子从眼前走过时，会想到为何自己孩子的生命突然就终止了。但是我们不能刻意回避这个悲痛的家庭，这种“体谅”是完全错误的，我们应该真切地问一问，他们现在需要什么：孩子的朋友能不能去参加葬礼？葬礼需要帮忙吗？接下来的几周或几个月内他们想参加家长聚会，还是想先静一静？很多失去孩子的父母说，在孩子去世后的几年中，孩子朋友们送的卡片、画和写下的回忆文字对他们来说是宝贵的财富，需要的时候他们会拿出来重温缅怀。因此，把两个孩子友谊中最美好、最重要、最有意义、最有趣和最伤心的回忆用笔记录下来是一个很棒的想法：无论是对于去世孩子的家人来说，还是对自己的孩子来说，这些记录都是一份珍贵的礼物，借助这些记录，即使在将来，也能唤起孩子对朋友的回忆。

对于如何同陷入悲伤的人相处，很难给出有普适性的建议，因为每个人的悲伤都各不相同，但在此我还是建议大家，虽然内心充满不安，害怕做错事情，也永远不要避讳那个去世孩子的名字。因为对于朋友、父母和兄弟姐妹来说，听到那个被爱着的、被无限思念着的孩子的名字，意味着，他永远活在人们的记忆当中。

第四章
如何交到朋友

孩子并不总是能直接交到朋友，在最初阶段，父母可以给予孩子一些帮助，如果孩子遇到霸凌，父母一定要实施干预。一定要重视孩子的交友需求——哪怕他更愿意自己玩。

游戏是友谊的纽带

当我的祖母向我讲述她的童年往事时，我惊讶不已。她那时好自由啊！她和四个兄弟姐妹一起在德国北部的一个农场里长大，谷仓、牛圈、田野、牧场就是他们的游乐场。当给奶牛挤完奶、做完作业后，她到底去哪儿闲逛了，农场的大人们谁都不知道——只要她吃晚饭的时候准时回家就行。交朋友在当时一点都不难：生日的时候，她会邀请全班同学到农场玩耍，那些城里的小孩儿完全想象不到世界上还有这么美妙的地方，他们想在农场尽可能多待几个下午，在那里他们可以尽情地自由奔跑嬉闹，而且还有新鲜的牛奶和美味的火腿。

现在孩子的成长比以前更孤单

相反，我的孩子被允许单独行动的范围，仅限于从房子门口到花园门口。我们住在大城市，有轨电车就在我们房子旁边的街道驶过，那里有数不清的十字路口，我女儿林内娅班里只有一个孩子早上是自己上学的——所有其他父母，包括我自己，都十分担心。那种就自己一人或跟朋友一起闲逛的感觉，我的孩子几乎没有体验过。他们的活动范围一般在学校和家里，在游乐场或游泳池里，因而至少有一个成年人在旁边看护。

我祖母和我女儿的童年可能是两种极端——我从朋友

“很多小孩子在村里的房子旁玩，他们还不到上学的年龄。每天早上，妈妈们给他们系上一条旧围巾，先把围巾在胸前交叉一下，再把围巾伸到背后绑一个结实的扣，妈妈们做家务的时候，就给孩子们发点吃的，对他们说：‘出去玩吧！’他们就跑出了家门。冬天里，他们的手脚冻得通红，就跺着脚取暖，玩大马或火车头的游戏。夏天的时候，他们就会玩烤泥土蛋糕的游戏。”

——弗罗拉·汤普森，

《雀起乡到烛镇》(*Lark Rise to Candleford*)

那里也知晓，现在仍有一些孩子生活在乡村地区或安静的居住区，他们也有一定的活动空间，可以在户外跟朋友一起玩。但是，一方面现在的孩子被保护得太好了，另一方面他们的自由比以往任何时候都受限。这不仅仅是我个人总结出来的，脑科学家格拉德·许特教授和儿科医生赫伯特·伦茨·珀勒斯特在他们的著作《现在的孩子如何成长》中明确指出，“最自由的社会会把他们的孩子放到自然中去，从教育学上看，这是一种十分合理且完美的看护”。

现在，我们看孩子的时候眼都不敢眨一下，父母辈经常责怪我们。我们好像变成了过度保护孩子、无法放手的“直升机式父母”。但现实情况可能更复杂：现在的孩子跟我们祖父母一代的成长方式肯定不同，世界已经变成了另一个世界。现在车辆变多了，街道上可以一起玩、互相照顾的孩子变少了。此外，虽然伴随着祖父母成长的自由被人称道，但他们的成长过程中也同样存在教育的挑战，比如个别孩子可能受到的关心不够。因为九十年前的充分自由中自然隐藏着危险。我祖母的一个弟弟用脚踢了一匹马的脸，结果被马踢伤，住了几周的医院。我祖父的一个同学淹死了，没有人发现。以前的父母很少会意识到这种自由的危险，只是期盼孩子可以平安地玩耍归来。因此现在的我们教育孩子时理所当然变得更加谨慎小心。但正因为如此，我们才要特别注意，不能仅仅因为担心孩子的安全，而剥夺了孩子最珍贵的童年经历：与其他孩子自由自在地玩耍。

父母的保护经常阻碍孩子的社交

孩子需要其他孩子：无论我们过去的经历，还是其他国家的文化，都能证明这一点。世界各地都存在同一种友谊模式：在孩子两岁以内，父母（或者其他熟悉的成年人）是其生命中最重要的人，但是在之后的童年生活里，他们

"友谊意味着，大家一起玩耍、欢笑和分享。另外，好朋友有时也要能做出让步。"

——斯文雅，八岁

大部分时间是跟其他孩子一起度过的。孩子跟他们一起玩，从他们身上学习并获得所需要的成长动力。有趣的是，全世界的父母——这并非出于猜测——在这个阶段仍旧高度关注并照顾着孩子。他们完全没有把孩子健康成长的责任移交给同龄人，相反，他们创造了一个保护性的空间，孩子在里面能够不被打扰地玩耍，他们却在远处观察，让孩子应对尽可能多的挑战，但当孩子需要帮助的时候，会马上到场。这并不是布勒比村庄理想的童年[一]，那里没有成年人的监管，孩子们拥有最好的成长环境。现代社会的童年是一种需要平衡自由和安全的童年，是像我们这样注重安全的父母想给孩子提供的一种童年。

“玩耍是孩子的工作”，生活在卡拉哈里沙漠的一个部落里的人们如此说。他们说得不无道理：儿童必须要玩耍，以实现身体和精神的健康成长。动物世界同样也是这

[一] 此处指瑞典作家阿斯特丽德·林格伦所著《欢乐的布勒比孩子》中的情景。——译者注

样：越高级的哺乳动物，其父母跟幼崽的互动玩耍就越频繁。猛兽比群居动物跟后代玩耍时间长，尤其是那些社交能力高度发达的动物——鲸鱼、海豚，特别是猩猩。无论是人类，还是幼年动物，在这个过程中都发展出了之后成年生活中的必备技能：小猫咪通过玩毛线球掌握了抓捕老鼠的本领，幼狮在追逐玩耍中练习了捕猎的技能——人类的孩子会在游戏中烤蛋糕、建造房子、照顾孩子和病人，扮演动物保育员、芭蕾舞者、理发师等，他们扮演各种各样给予自己权力和决策权的角色，虽然在真实生活中，他们并不是这些角色——但总有一天他们会成为这些人。

孩子们在进行所有这些游戏时，并非仅仅是在模仿大人的世界，他们总是有层出不穷的想法，他们会按照自己的想法对游戏进行一些改良。因此，发展心理学家罗尔夫·奥尔特指出，游戏能够激发儿童丰富的想象力。

自由玩耍也是一种早教

但是儿童玩耍需要时间，需要没有被规划的、可以自

玩耍是孩子的工作

由支配的时间。在我们的现代社会中，这种时间确实变得越来越少。当我下午从家里厨房窗户往外看的时候，哪怕是阳光明媚的天气，旁边游乐场上也几乎空无一人。因为本来可以在那里玩耍的孩子们现在还没有时间。他们还在幼儿园，在托儿所，在音乐学校或者在网球场，在剧院或者在幼儿英语培训班。是的，我的孩子们也是如此。因此，看到现在窗外空荡荡的游乐场，作为一名职场妈妈，我肯定不赞成那种“这不是真正童年”的说法，也不会抱怨说，孩子这样根本不是真正的孩子。在学校、幼儿园或者体育俱乐部里的孩子当然也是孩子！在那里他们也可以跟其他孩子一起玩耍，在那里他们也可以跟其他孩子共同活动，在那里当然也能产生友谊。但是自由的玩耍确实还很欠缺。因此在我看来，我们父母的任务就是在孩子真正空闲的时候，安排一些跟这些活动完全不同的内容。我自己觉得这

“他们一起玩耍，伴着留声机的音乐跳舞。这是我度过的最美好的一个冬天！‘今年，’瓦斯里开心地说，‘我收到了世界上最棒的礼物。’西贝柳斯捻着胡子说：‘但是今年圣诞节你什么都没有收到啊！完全没有！’‘有啊，’瓦斯里喊道，‘就是你！我得到了你呀！’”

——朱莉娅·柏玫和史蒂芬妮·达勒，
《小浣熊的圣诞礼物》(*Das große Wunschzettel-Wunder*)

是一件很难的事情：特别是因为孩子们已经习惯了一直有安排的生活，他们也想和我或者朋友们一起经历一些特别的事情。他们想去游泳馆、游乐场，想去水上乐园、儿童剧场，想去博物馆研讨会、体育馆——而现实是当晚上回到家，该睡觉的时候，我的大女儿突然伤心地说："今天我什么也没玩儿。"

我们家有几周安排了接二连三的活动和郊游，到了周五，孩子们房间的模样跟上周日的时候没什么区别——因为他们连一分钟在房间里玩耍的时间都没有。这正是我认为应该采取对策的地方。因此最近我一直在压制跟女儿和她的朋友们去动物园或吃冰淇淋的冲动。他们光玩就行了！之后他们就这样做了，玩得忘记了周围的一切。

塞西莉亚是我女儿林内娅在莱比锡最好的朋友，前一段时间她跟家人住在纽约。她妈妈跟我说，自由玩耍作为一种典型的儿童活动在纽约已经绝迹了。他们会举办"游戏约会"，邀请朋友到自己家里，小主人的父母会安排各式各样的"活动"。其中最流行的是一起烤纸杯蛋糕，此外还会做各种手工，如一起植树、做园艺、制作陶器、玩装扮及化妆游戏。欧洲似乎还没有走到这一地步，但趋势肯定正在朝这个方向发展：为了给孩子和他们的朋友带来快乐，现在的父母会设计很多惊喜。在我小的时候，这些只有在生日聚会上才可能出现。我不想评价父母为了孩子的快乐而努力的热情。我觉得为了让孩子开心这样做无可厚非。只是年龄小的孩子需要父母一直在身边，但是大一些的孩子需要父母适当地退出，让他们就那样跟朋友一起玩。因为只有跟朋友一起玩他们才能从朋友身上学会适合自己成长的玩耍方式。

孩子们确实会遗忘如何去自由自在地玩耍——在他们八岁、九岁或十岁的时候，如果没有把活动安排好、又没有电视机的话，他们就会不知所措。究竟怎样才能从每周繁忙的日程表中挤出时间来自在玩耍，是每个家庭必须要自己解决的问题。我们家每周会有意识地留出三个下午不作任何安排，效果很好，哪怕付出的代价是，孩子得暂时耽误一些兴趣班的课程。虽然芭蕾课和小提琴课可能很好，但也完全无法替代一个可以尽情玩耍的无拘无束的下午时光。

孩子学会玩耍，不仅能为成长提供重要的发展动力，还可以为成年生活做好充分的准备：让孩子们拥有交朋友的能力。在幼儿园和小学孩子的愿望列表中，朋友必须“要会玩”这一点名列前茅——在评判这种“玩耍能力”的时候，孩子们的标准十分严格。好的玩伴在游戏中要有进有退，既能贡献自己创新的想法，又能接受他人的意见，要遵守规则，要值得信赖。在同成年人玩耍时，孩子们完全学不到这些，原因很简单，大人对孩子过于迁就和照顾。跟孩子玩的时候，我们会服从他们的规则。要是孩子想当马戏团团长，那我们就把狮子递给他，要是他想换一下，也不成问题。我们在冲突出现之前就加以避免。哪怕

“是的，父母的作用无比重要。如果爸爸能跟儿子一起搭建乐高城堡的话，绝对是一个加分项。但是，最好的父母也不能取代一群孩子的地位。”

——赫伯特·伦茨－珀勒斯特，
《孩子》（*Menschenkinder*）

孩子只说两个字，我们也能很熟练地破解这个神秘的指令，面对每一个可能出现的问题，我们马上就给出相应的解决方案。这类游戏对孩子的确也十分重要，它们能够增进亲子关系，能够极大地促进孩子社交能力的发展，也能带来无限的快乐。但是，为了拥有儿童意义层面上的玩耍能力，这些游戏还远远不够——我自己的一些经历就能证明这一点。因为我小时候就是这样一个孩子：当时我实在没有兴趣去幼儿园，所以六岁之前一直待在家里。我跟爸爸妈妈在家里玩农场游戏、购物游戏，烤蛋糕、种花，学习短小的诗歌和儿歌。那段时光确实无比美好。但是，当我上小学后，开始很难适应校园生活。我完全不知道怎样走近其他孩子，怎样加入他们，怎样和他们一起玩。虽然我会玩耍，但不会跟其他孩子一起玩耍。但是最终我还是学会了——从孩子那里，确切地说，是从两个妹妹那里学会的，她们比我小一些，住在我们隔壁，和我成了好伙伴。她们教我玩橡皮筋和点格棋，我们有一个总部，还有自己的秘密语言，而且我发现——虽然有些晚，但还不算太晚——孩子拥有一些同龄朋友，是多么好的礼物啊！

一个欢迎朋友的家

如果孩子有足够的机会跟其他孩子无拘无束地玩耍，往往会自动产生最初的友谊。可能发生在幼儿园，或跟爬爬班伙伴经常见面的时候，或者在院子里跟邻居孩子画粉

儿童的友谊：爸爸妈妈，请你们出去！

父母对孩子交友情况感兴趣，并认为自己负有责任，这在德国其实还是一种比较新的现象。以前，只要孩子没有选择“错误的朋友”，很少有父母关注孩子的社交生活：孩子可以跟朋友们见面、玩耍、嬉闹，只要晚上回家就好。现在孩子的童年变得与以往不同，对此很多人抱怨说：“现在的孩子们太不自由了，玩耍空间被极大缩小，孩子们在街上根本见不着小伙伴，更别说一起玩耍了。”他们会参加各种各样被精心安排的游戏聚会，就算已经到了这种地步，现代的“直升机父母”竟然还想对孩子的友谊进行分析，还想加以影响？显然，这种评价过于消极了。因为朋友是孩子生活重要的一部分——在现代社会中，父母关注孩子这部分的生活过程（而不仅仅关注结果，就像考试成绩一样），恰恰是高质量亲子关系的极佳证明。

笔画的时候——重要的是，孩子们可以自己玩，而又不孤单。这些友谊在多大程度上能长久发展，往往取决于父母。因为在我们目前的生活条件下，孩子很依赖我们帮助他们跟其他孩子进行社交。这是一个重要的环节，因为之前一大帮孩子一起玩的时候，他们已经互相熟悉了，如果这时能够去对方家里玩，他们的关系会明显再上一个台阶。

对于幼儿园的孩子来说，找朋友玩通常意味着去别人家里。特别是还不太认识对方的父母时，大部分三四岁的孩子不敢自己去找朋友玩。因此，刚开始的时候可以把孩子朋友的爸爸或妈妈也邀请到家里，大人们一起聊天，小孩儿们可以在大人视线范围内玩耍，这样效果最好。当然，

“在一个小公寓里，可能气氛和谐、亲切和愉快。而在一个大的地方，可能充斥着拘束、厌恶和无聊的感觉。在这里或在那里，孩子可能都会感到孤独。”

——雅努什·科扎克，

《你身旁的孩子》（*Das Kind neben dir*）

这需要父母一定的付出。因为，当我几周以来都没找到时间跟闺蜜打个电话的时候，却要花两个小时跟一个完全陌生的妈妈一起喝咖啡，绝非我愿。尤其是当两个孩子已经关系很好，而父母们却还一点不认识的时候。尽管如此，我还是呼吁幼儿园孩子的家庭开展这种双重的亲子邀请。一方面，这样可以让孩子在一个安心的环境里巩固彼此的关系，成为真正亲密的朋友（因为只有在对方面前感到舒适时，才有可能实现这一点）。另一方面的原因是，如果通过这种形式，双方父母也能相处融洽的话，对孩子来说，是再棒不过的事情了。

我也可以肯定，优秀的孩子通常会找其他优秀的孩子。这些孩子背后通常都有优秀的父母。

我们的女儿林内娅就是这种情况，她三岁的时候，在幼儿园跟同龄的艾米莉亚成了亲密无间的好朋友。当时，老师建议她们可以互相去对方家里玩，我相当兴奋，想知道情况会如何发展：一个陌生的孩子来我们家，我的孩子去一个陌生的家里做客。总之，情况非常好。我丈夫和我马上就喜欢上了艾米莉亚，也很理解为什么我们的女儿恰恰跟这个女孩儿成了好朋友。更棒的是，随着日益频繁的互相拜访，我们父母之间也变得熟悉起来，而且相处得很好。有时我们还会趁着孩子们睡着的时候约着见面。

现在，艾米莉亚的父母是我们最好的朋友之一，我们经常见面，每年也会一起出去度一次假。要是我现在说，艾米莉亚有了一个妹妹，跟我们二女儿一般大，这两个女孩儿也成了好朋友的话，可能大家觉得我在讲一个浪漫的童话故事。但事实确实是这样。

为孩子的朋友敞开大门

家，是我们的庇护所，是我们的堡垒，我们的巢穴。我们不想让任何人闯入，这点不足为怪。但是为了促进孩子友谊的发展，我们必须不仅要敞开心扉，还要敞开家门：无论孩子想带谁回来——他都会受到欢迎！但是坚持这种开放政策并不容易。“拦路虎”通常是孩子父母对个人隐私的需求，他们可能还会不好意思：看这里像什么！脏的碗碟，到处乱七八糟，一堆要熨烫的衣服！孩子会怎么想我们，他回家会说些什么？

有些父母还会担心，家里不够大：因为只有三个房间，玩的地方太小，也没有花园。

这些想法完全是正常的——但更重要的是，它们并不会影响孩子朋友来玩的想法。因为在一般情况下，来玩的孩子对要熨的衣服或者没擦的玻璃都不会感兴趣，也不会关注你家里房间的数量。

他们感兴趣的是家里的气氛，是他们进门时感受到的

“当艾拉·弗丽达可以在自己家过夜时，达妮开心极了。她们两个玩起了‘黑夜过家家’游戏，从晚上十点就开始玩，几点结束都无所谓。她们躲在被窝里，打着手电筒聊天，吃夜宵——加了黄瓜和奶酪的三明治。实在困得不行了，她们互相挠挠背，慢慢地睡着了。”

——罗斯·拉格克朗兹，爱娃·艾瑞克松，
《我的快乐人生》（*Mein glückliches Leben*）

为孩子的朋友敞开大门

热情。无论怎样，如果我们自己的孩子知道，他们任何时候——哪怕没有事先告知——都可以带朋友回家，而且朋友会受到家人真心欢迎的时候，他们会获得一种“了不起”的感觉。

“那个罗莎和我现在成朋友啦！”

我们的女儿安妮卡去新幼儿园几周后，一次吃晚饭的时候，她很随意地说了这件事。我和丈夫早已知道，这两个女孩儿玩儿得很好，因为接她的时候，经常看到她们一起玩耍。我更好奇的是，为什么对安妮卡来说，友谊恰恰现在才开启。她的回答是："因为我们今天'朋友'了。"这个她自创的、充满创造性的动词恰当地表达了，随着年龄的增长，友谊的定义对孩子来说多么重要。他们的行为也相当直接。比如安妮卡问她幼儿园里的朱利叶斯："你愿意当我的朋友吗？"他摇摇头说："我的朋友已经是马可了。"听到后，安妮卡似乎并不在意。接着她去问莫里兹，他说"好"。"所以，等我们长大了，我们也会结婚。"安妮卡解释说。尽管幼儿园小朋友的友谊可能变化得也很快，但如果父母能够充满兴趣地倾听这类关于友谊的对话，不仅会收获颇丰，而且对愿意帮助孩子找到朋友的父母来说也很有意义。因为父母从中可以知道，孩子在友谊这件事上是如何做的：他们会主动寻找朋友，在游戏中结识朋友，一段时间后，需要给他们的关系贴上一个公开的标签。他们要互相"宣誓友谊"——就像赫姆·海恩创作的绘本《真正的朋友》里的小猪瓦尔德玛、小老鼠强尼和大公鸡弗朗茨一样。友谊发展到这一阶段，如果在幼儿园以外对朋友发出邀请，就像是骑士晋封仪式一般，一起缔结了联盟——如果在对方家里一起扮演过骑士，那么现在他们就真真正正地“朋友”了。

宣誓友谊

“没有人想跟我玩儿”

“我没有朋友。”“课间休息我总是一个人。”这些话对父母来说是极大的打击。因为如果孩子很难找到朋友的话，往往会引发父母一整波郁闷、矛盾的感觉，让我们完全不堪重负。通常出现的情绪有：

“看看你的孩子吧，好好看看他。看看他的天真无邪，看看他为了讨好你（或是引起你的注意）、为了尽可能做好一切所做的努力吧。请为你的孩子欢呼吧！为你自己和你们的亲子关系欢呼吧！”

——尤利娅·迪邦，

《小骗子，小盗贼》（*Kleine Lügner, kleine Diebe*）

不安：我们该如何处理这个问题？我们能跟孩子谈一谈为什么他交不到朋友吗？这会不会让他更伤心？

内疚：他跟同龄人相处困难是不是因为我们？在跟其他孩子交往方面，我们是否做得太少？是不是让他跟其他孩子玩的次数太少？是不是送他上幼儿园太早了或者太晚了？

生气：为什么就我们的孩子这么固执/敏感/任性/爱哭/害羞/有攻击性/有支配欲/幼稚/不懂事/野蛮/不敏感/没有活力/自作聪明？

担忧：我们的孩子会不会永远也找不到朋友，一辈子孤单忧郁？

伤心：我们曾经希望，孩子跟其他孩子一起经历美好的事情——而现在一切都变成了另外的样子！

无助：我们可以保障孩子在家里无忧无虑。但是，在幼儿园/学校里，我们并不在他们身边——如果他找不到朋友，我们该怎么帮助他呢?

能够意识到自己的这些感受，并将这些感受与孩子的烦恼区分开来，可以有效地保障遇到这种情况时的行动力。因为有困难的孩子需要有同理心的父母来倾听自己——当你完全深陷在自己的情绪中无法自拔时，是无法帮助孩子的。

我的孩子需要什么样的友谊?

当孩子说他没有朋友时，我们成年人全身的每一个细胞都警觉了起来。这本书里不也告诉大家朋友对孩子有多重要吗？是的。但是孩子是不同的，他们对友谊的需求也是不同的。不是每一个孩子都需要小团队，也不是每个人都需要最好的朋友。但是所有孩子都需要有人给予他们被爱和自己值得爱的感觉。如果孩子在交朋友方面有困难，那么不妨首先了解一下，他到底想要什么样的朋友。接下来第二步，和孩子一起思考，在哪里、如何才能找到这些朋友。

给予安全感的友谊

在这个过程中，父母们经常发现，他们会把自己的友谊观转移给孩子而不自知。我朋友米凯拉总是有些担心，怕女儿没有“真正的朋友”，并联想到了自己有三个最好的闺蜜，她们从小学开始就是好朋友了。但是她没有看到，女儿已经找到了一个充满爱心的忠诚的朋友，她是邻居家一个大两岁的小女孩儿，她们会整个下午在一起玩耍。而在学校里，女儿会表现得拘谨一些，一会儿跟这个孩子玩，一会儿跟那个孩子玩，课间在操场活动的时候，她还喜欢自己一个人——但她自己非常满足。

性格的问题

我们的人格是如何形成的？针对这个问题，在过去几十年中，很多科学家进行了艰苦不懈的探索。自从一百多年前美国医生沃尔特·萨顿认识到染色体是遗传信息的载体以来，生物学家和心理学家一直在激烈地讨论：什么塑

> “小王子又去看那些玫瑰：‘你们一点也不像我的那朵玫瑰，你们还什么都不是呢，’小王子说，‘没有人驯服过你们，你们也没有驯服过任何人，你们就像我的狐狸过去那样，它那时只是和千万只别的狐狸一样的一只狐狸。但是，我已经把它当成了我的朋友，于是它现在就是世界上独一无二的了。’”
>
> ——安东尼·德·圣－埃克苏佩里，《小王子》（*Der kleine Prinz*）

造了一个人的性格？他的基因？或环境传递的经验？这场“先天与后天 ”的辩论仍未完全结束，但有一点现在很清楚：不会有明显的赢家，因为正是人和环境的相互作用决定了我们人类的个性。专家们可能会继续争论这些因素中的哪一个影响了我们的性格以及影响的程度——但这不会改变对父母来说最重要的认知，那就是：不能随心所欲地塑造我们的孩子。从出生那一刻，他们已经有了自己的个性特征，就像他们眼睛的颜色一样，是与生俱来的。美国发展心理学家杰罗姆·卡根的研究证明，从新生儿的行为就已经可以推断出它的气质特征。

放松、敏感和高反应型婴儿

大约 40% 的婴儿从出生起就表现得特别放松和平和。虽然把他们抱在怀里的人不同，但就像吵闹的噪声以及其他不熟悉的刺激一样，这并不会让他们感到特别不安。在之后的成长中，这类孩子大多在情感上表现得尤其稳定和坚强。稍加练习，他们通常就很容易跟其他孩子打成一片，也能够克服儿童友谊中碰到的拒绝和冲突。

还有 40% 的新生儿相对敏感一些：如果陌生人抱他们，或者进入到一个不熟悉的环境中，他们很快就会大哭。但是通常妈妈或爸爸能让他们很快得到安抚，变得平静和满足。这类孩子之后在新的环境中，比如在托儿所或者幼儿园里，需要更多的陪伴，以更好地适应环境并获取安全感。结识其他孩子虽然让他们开心——但是，只有当他背后有一位熟悉的成年人作为“安全的港湾”的时候才可以。

最后 20% 的新生儿属于卡根所说的“高反应型”群体。这类婴儿通常精力充沛、反应警觉，运动技能超前发展，但是情感上特别敏感：他们对压力的反应非常敏感，特别是面对跟父母的（身体）分离。高反应型宝宝比其他孩子哭泣更加频繁，甚至在妈妈或爸爸的怀里也很难平静下来。这种高度敏感性往往构成了他个性的一部分：这些孩子往往很长时间都很难以应对分离和告别，他们会比其他人更加焦虑，与同伴的争吵和矛盾对他们的影响尤其深刻。同时，也正是由于这种敏感气质，他们很早就能够跟那些给予自己安全感的孩子建立深厚的友谊。

当然这三种类型是相对粗略的概括，个别孩子并不在此列。因此，它们并不是要给孩子分门别类，而是作为一个初步指南，指导人们了解自己的孩子究竟需要什么样的朋友：能让自己生活丰富多彩的一大帮朋友？还是一个给予自己安全感的熟悉的小圈子？抑或是唯一的最好的知己？

在这些问题上，父母往往会以己度人。然而有很多父母性格外向，但他们的孩子却内敛害羞，反之亦然。因此，不要把自己的友谊观强加到孩子身上，试着退一步，观察一下孩子自己的性格特点，问问他："你需要什么？"

害羞

比如六岁男孩儿托马斯的故事。他是我女儿林内娅一年级时候的同学，特别害羞。他用了几周的时间才适应了学校生活。托马斯从来不会跟其他男孩儿一起在操场上踢足球。他觉得这些男孩儿太野蛮、太吵了，主要是太多了！托马斯从来不想开生日聚会：一想到有一大群孩子在自己家里，他就害怕地头皮发麻。四岁生日的时候，他妈妈就这样算了，五岁的时候也这样，但六岁生日的时候，她觉得至少得举办一个小小的庆祝会。她跟托马斯一起畅想，怎样安排这个生日会，他才会感觉更舒服一些。最后他们邀请了班里的两个女孩儿和一个男孩儿来看儿童电影，有自制的电影票，客厅里还设置了一个独特的爆米花吧。接着他们在家里看了一场儿童电影，之后客人们就回家了。没有很多人，没有疯狂的游戏，也没有必须要聊天的巨大压力：对于托马斯来说，这次生日会如同量身定做一般，一方面是他克服害羞的小小的重要一步，另一方面也是他保持自我、不妥协的重要一步。

在我看来，如果孩子在交朋友方面有困难，托马斯的例子恰好就给我们展示了父母必须学会把握的分寸：无论孩子是害羞还是外向，是敏感还是胆大，我们都要接纳他的个性，接纳他本来的样子。而同时还要确保，孩子的这种性格不会影响交朋友。因为天生的性格特征并不能决定

小小的生日聚会

孩子是否能找到朋友。相反，它是一种促进孩子成长的挑战。领导型孩子总喜欢带头做决定，但是有时他们也可以学会后退一步，把决定权交给其他人。害羞的孩子长大后，碰到必须跟陌生人说话的时候，通常会心跳加快。但是当他们有了经验，能够鼓起勇气，并且这种付出得到回报的时候，他们就可以建立起一个自己感到安心、舒适又熟悉的朋友圈子。如果我们真心希望孩子交到朋友，就要告诉他两件事情。第一件：你值得拥有朋友！你就是你自己，你本来就值得被爱。第二件：你可以学习与自己的感受友好相处，这样跟其他孩子相处就会变得容易，我们会一直帮助你。

学习自我调节

不管是儿童，还是成年人，跟他人能否相处融洽，很大程度上取决于一种能力：即与自身情绪共处的能力。心理学家称这种社交生活中不可或缺的能力为自我调节能力。要想明白这一点，我们可以想象有一间大办公室，里面的每个人都在不受控制地表达自己不同的情绪：有人因为爱情的苦恼而哭泣，有人在办公桌上睡觉，有人生气地大吼大叫，还有人躲在复印机后面捂着耳朵。没有人倾听，也没有人对他人的行为有所反应，因为所有人都沉浸在自己的情绪里面。

移情

自我调节能力不仅对预防出现完全混乱的情况至关重要，也是获得敏锐感觉和共情能力的必要条件。因为只有那些能够恰当处理个人情绪的人，才有能力去感知他人。尽管如此，对于很多父母来说——包括我自己，在涉及情绪层面的问题时，自我调节能力这个词却有种负面的含义。毕竟，我们都希望孩子能够感知并表达自己的感情，而不是去抑制它！职场上有很多自控力无可挑剔的人，但是正是由于这种高度的自我控制，他们也失去了感知个人情绪的机会。

真正的自我调节能力并非推开或压制自己的感情，而是要感知到它们，并能够以一种社会可接受的方式恰当地处理它们。

非常年幼的孩子情绪感受尤其强烈，自己几乎无法控制。他们只有在一再得到安抚的时候，才能平静下来。由此大脑就学会了：如何将自己的情绪控制到一个可控的水平。但是很多情感丰富的孩子上幼儿园或小学时，在自我调节能力方面仍有困难。这不仅让周围人感到疲惫，对他们自己来说也尤为折磨：没有什么比持续的过山车式的情绪更令人筋疲力尽了。因此，对孩子来说，学习有针对性的自我调节策略，是一个与自己、自己的情绪和谐共处的宝贵机会。与孩子一起画一张地图就是一种很有效的方法，我们可以告诉他们如何从过度激动转为心平气和、如何恰当地处理个人情绪。在这个过程中，重点是要跟孩子一起探索，哪些方法有利于平衡自己的情绪以及如何有针对性地控制它们。比如从我女儿林内娅的地图上可以看到，她可以让情绪暂停一会儿，自己去看会儿书，直到她感到心跳和呼吸重新恢复平静。而我女儿安妮卡则需要有人在她发脾气的时候紧紧拥抱她，才能帮她度过情绪风暴。引导孩子认识并理解自己的行为模式，可以帮助他们在长大后更有针对性地应对自己的情绪。

小小的孩子有大大的能量

他的眼睛好蓝啊！多可爱的小鼻子啊！对于新父母来说，自己的孩子当然是全世界最漂亮、最可爱、最美好的生物。但是，当孩子之后变得太固执或者爱哭，太粗鲁或者情绪化，很难找到朋友的时候，继续保持这种无条件的爱就不是一件容易的事了。在这种情况下，美国科学家和畅销书作家布琳·布朗的研究成果就尤为值得借鉴。她指出，这些我们看到的缺点，恰恰是孩子真正的优点。具体来说：每一种难以应对的特点背后都蕴藏着一种真正的力量，这种力量可以使我们的孩子成为一个出色的朋友——只是这种力量的呈现方式不同而已。

发现自己的优点

接下来我将介绍几种儿童类型，他们有一个共同点，就是他们的个性和脾气有时会影响到寻找同龄朋友，同时我会告诉父母，如何在这方面给予孩子帮助。当然，几乎没有一个孩子可以完全明确地被归入其中某种类型：儿童中有大量害羞的敏感者、任性的领导者以及细腻的“小教授”。因此根据气质对儿童进行划分，只是为了能够尽可能迅速地找到对自己孩子有帮助的建议——尽管这些建议并非单一针对某个类别。

敏感的孩子如何找到朋友?

脸皮薄、敏感的孩子有时会感到跟同龄人相处困难。因为他们表现得比较脆弱，经常成为恶意嘲笑的对象，接着他们会缩回自己的蜗牛壳中，没有人愿意接近他们。这种孩子很典型的表现是，在家里活泼可爱，善解人意，这使得父母更加难以理解，为什么这么乖的孩子就是找不到朋友。这类孩子的超级力量就是他们的敏感，使他们能够成为一个出色的倾听者和善解人意的陪伴者。因此，下面的这些方法也许能够帮助他们找到朋友：

• 敏感的孩子大多是优秀的照顾者：他们愿意为他人负责。让他们交到朋友的一个绝佳情境是，照顾另外一个孩子。可以是刚搬来的邻居家孩子，或者是一个刚入幼儿园的三岁孩子。比如有些幼儿园习惯上会给每一个新生分配一个年龄稍大一些的“监护人”。敏感的孩子担任这种角色的时候会非常开心。

敏感的照顾者

• 如果一个男孩儿敏感，他跟同龄女孩儿相处会比同龄男孩儿更容易。小学阶段，与异性儿童在公共场合玩耍往往被认为是尴尬的事情。如果他们可以跟关系好的女孩儿在一个安全的空间里玩耍，至少不在学校里，那就帮了他们一个大忙。

• 敏感的孩子有时容易不自觉地夸大自己受害者的身份，说没有人喜欢他们，没有人想成为他们的朋友。在二十多个孩子的集体中，出现这种情况的可能性很小。拿出一张班级合照，逐一了解这些孩子们，不失为一个好主意。往往这样就可以发现，自己的孩子跟班里的一些孩子还没怎么玩过，也许他们会接受邀请一起玩耍。这些邀请会给敏感的孩子提供一个机会，让他在一个熟悉而安心的环境中同其他孩子建立联系，这种联系在学校里也会进一步发挥作用。

害羞的孩子如何找到朋友?

如果不用先开口的话，他们非常希望拥有一个朋友：

与他人打交道，对害羞的孩子来说是一个日常挑战，这需要他们克服恐惧，战胜自我。他们通常需要一段时间来积攒勇气，如果这种自我克服没有马上得到回应，他们会变得更加失望。害羞的孩子在同龄人中的那种手足无措，对父母来说往往难以忍受。“现在不要这样做！”父母经常会这样说——这种话只会让孩子更加不安。害羞的孩子大多不仅极具想象力和创造力，还能够敏锐地感知与他人的边界，因此他们可以成为特别谨慎和体贴的朋友。

- 如果有一个熟悉的成年人以轻松的方式告诉害羞的孩子，自信的行为是什么样子的，他们会受益匪浅。最好可以在镜子面前练习：身体站直，手不要藏到背后，目光要友好——害羞的孩子可以像排练话剧一样练习这些动作。当他们遇到陌生孩子的时候，就可以尝试使用这种姿态。

- 如果害羞的孩子有成功经历的话，会变得更加勇敢。因此特别有效的是让他们成为某个团队的一分子，比如话剧小组或合唱团，在那里他们可以进行一些自己擅长或喜欢的活动。

练习自信

• 如果对方比自己小，害羞的孩子胆子会大一些。比如害羞的三年级学生可以跟一年级或二年级的学生成为好朋友。

• 孩子要逐步学习社会交往。害羞的孩子尤其如此。一个有两位客人的小型生日聚会对于他们来说可能就是个里程碑，而且，就应该这样庆祝，不要跟其他举办大型聚会的孩子比较。

• 对于害羞的孩子来说重要的是，不要一味地强迫他们展示自信，可以一点一点地减少他们的社交恐惧。在小学阶段，父母仍旧是孩子背后安全的港湾。比如，很多害羞的孩子不敢去找另一个孩子玩，但却很乐意邀请别人来家里。父母要支持孩子的这个愿望，主动邀请某个孩子来家里，之后再慢慢地引导孩子去别人家玩，这样会更加有效，而不是在孩子内心还没有准备好的情况下，强迫他迈出一大步。

“疯”孩子如何找到朋友?

始终在活动，一直在闹腾，“疯”孩子一个人就有三个人的能量。户外通常是他们感觉最舒服的地方，这样他们不用总听家长“小心！”“注意点！”这样的唠叨。“疯”是美好的，但在幼儿园和学校里这往往是个问题：在那里没有足够的空间供他们闹腾，并且非常强调安静，这样“疯”孩子就会显得格格不入，因此经常会被同学看作是捣蛋鬼。但是，“疯”孩子绝对是完美的玩伴——如果条件合适的话。

- “疯”孩子在幼儿园和学校经常会遇到困难，因为那里的环境跟他们的性情完全不符。如果不能尽情嬉闹的话，他们会不开心，并因此更加不受同龄人喜欢。他们交朋友的第一步是要有一个环境，一个不会由于他们的能量产生负面影响的环境、一个适合他们的环境。比如森林幼儿园或一个更自由的学校，也可以是足球队、童子军团体或橄榄球队。

- 如果“疯”孩子是女孩儿，那么她跟男孩儿比跟女孩儿一起玩要更开心。父母一定要支持这种友谊，如果在学校跟异性同学玩，会被认为“尴尬”的话，可以让女儿在空闲的时候跟男孩儿一起玩。

- 通过进行有意识的放松活动，比如练儿童瑜伽，“疯”孩子可以至少暂时控制自己多余的精力，这样他们就可以先融入一个群体，之后再尽情玩耍。

- “疯”孩子跟大孩子一起交朋友会大有裨益，大孩子对他们来说是一种挑战——包括身体上的挑战，这也可以让他们感受到自己能力有限。

• 跟“疯”孩子玩最好约在户外，不管什么天气都行。树林里、公园里、沙滩上都可以。没有那么多规矩，无拘无束就好，再加上另一个喜欢冒险的孩子——友谊，就这样开始了。

无拘无束地“疯玩”

“小教授”如何找到朋友?

他们词汇量巨大，喜欢刨根问底，知识储备远超同龄人：这些“小教授”长时间跟成年人待在一起，从成年人身上学到很多东西。这往往使他们成为聪明的学生和了不起的健谈者，但他们在交同龄朋友方面却总是出现问题。并非是他们的智慧或者口才妨碍交友，原因很简单：他们缺少与其他孩子交往的练习。

- 当孩子像大人一样说话时，其他孩子会觉得他自以为是。为了避免这种情况发生，聪明的孩子也不必故意做出愚笨的行为——但要学习如何使自己的说话方式适应外部环境，就像我们大人一样。在办公室里跟在家里的说话方式不一样，跟陌生人说话和跟朋友说话也不一样。这对“小教授”来说，同样也是个挑战：观察其他孩子是怎么说话的，并要至少稍微调整一下自己的沟通方式。

- 学习跟其他孩子交往最简单的方式就是：和他们在一

起。尽可能不要有成年人参与规划，孩子们只需要无拘无束自由玩耍即可。

• “小教授”们跟其他年龄段的孩子交往会有很多好处：他们可以跟年龄稍大的朋友们畅谈天地，因为这符合

帮“小教授”认识友谊

他们的成熟心智，跟年龄稍小的朋友一起，他们则可以学习到玩耍的艺术。

- “小教授”们大多乐于思考，因此从理论上给他们建立友谊的概念会很有效，要让他们理解：教育他人或者指出他人的错误，是交不到朋友的，一起玩耍才是交朋友的正确方法。

“小领导”如何找到朋友?

他们无比自信，有很多好的想法；他们热爱规则，认为遵守规则十分重要；他们喜欢带头，有时还会超额完成任务：领导型孩子被赋予巨大的才能，但这让他们在同龄孩子当中的日子并不好过，因为他们根本无法放手。如果有什么不合他们心意的事情，世界就会崩塌。结果其他孩子经常感到被他们边缘化：这不是交朋友的好方式。因此“小领导”们必须学习如何利用他们的特殊才能，同时又不压制其他孩子。

- 领导型孩子天生有一种命令式口吻，惹人注目。他们通常完全意识不到自己的简短命令有多么无理——其实他们只是脑子里有一个目标，想又快又好地完成。因此，他们必须学习欣赏性沟通的艺术：重要的不仅仅是我们说话的内容，还有我们说话的方式。领导型孩子在家里就可以学习这些：如果是友好的要求，我们就给予回答，如果是粗暴的命令，则不予回应。

- “小领导”通常坚信自己的想法，而不愿意听从他人的意见。因此他们必须要学习一条简单的规则：每个人的想法都很重要。例如，他们可以跟父母一同计划一下，如果下次其他孩子来家里的时候，可以先问一下小客人想玩什么，在提出自己想法的时候，要先有意识地倾听别人的意见。

- “小领导”们经常觉得自己对规则是否得到遵守负有极大的责任。在这种情况下，成年人要把这种压力从孩子肩上卸下来。孩子的任务是跟其他孩子一起玩耍，而不是控制其他孩子。如果某个孩子没有遵守团队或班级的规则，

每个人的想法都很重要

提醒是成年人的工作——而不是孩子的事情。

- 具备领导力不是一种耻辱，而是一种才能——在儿童当中也是如此。因此值得跟“小领导”讨论一下，什么是好的领导力：允许他人说话，并能善于倾听；有时也要放弃自己的主意，选择他人的想法；要跟整个团队一起，而不是独自前行。然后父母要用平静的口吻告诉他，只有这样做，他才能获取最好的条件，以成为一名优秀的法官、老师或总理。

同龄人群体

婴儿们在爬爬班里遇见的都是婴儿，托儿所孩子遇见的都是托儿所孩子，二年级学生遇见的都是二年级学生：人类历史上还从来没有像现在的西方工业国家一样，孩子有那么多时间跟完全同龄的群体待在一起。发展心理学的研究结果明确指出，儿童在混合年龄群体中受益更多：这样他们会玩得更持久、更有创造性，同时也更容易交到朋友。

原因在于：不同年龄的孩子不会互相比较，往往会更加互补：如果一个活泼的四岁孩子教另一个好奇的两岁孩子玩球，就是一种双赢。因为当孩子跟同龄人玩耍的时候，锻炼的主要是自我坚持的能力，而同比自己大或小的玩伴一起玩，尤其能够发掘和提高孩子的社会交往能力，比如体谅和共情。因此，父母对孩子最大的帮助莫过于，给孩子提供尽可能多的机会，让他在跟自己不同年龄的儿童群体当中玩耍。

友谊的对立面：欺凌

不是每个孩子都一定受人欢迎，但没有一个孩子不应该受到欢迎，对此，各种关于儿童心理发展的研究都达成了一致意见。与很多父母的想法不同，比一般人更受欢迎的孩子并不比那些有几个好朋友的孩子开心——甚至有证据表明，成为班上的明星，并不能促进其社交能力的发展。但是如果孩子被一个团体或班级边缘化和排挤，他就不仅仅是不太受欢迎，而是确实很不受欢迎——这是一个严重的问题。因为在几乎所有的儿童群体中，不受欢迎的孩子几乎都会成为霸凌的对象。这意味着：他们会被侮辱、轻视和伤害，却可能无法反抗，因为他们孤单地面对着整个群体。因此，霸凌就是友谊的对立面。相应的，霸凌也会对孩子产生与友谊完全相反的影响：孩子的自我价值感被削弱，尊严被侵犯，发展潜力

无助

被遏制。一个孩子能否经受住这些，主要取决于他的内心能量：复原力特别强的孩子能够成功地在内心进行自我保护，面对攻击，他们会毫发无损。但很多霸凌受害者只是表现得好像不受欺辱影响，其实内心始终很崩溃。因此，霸凌与操场上无伤大雅的打闹完全不同。霸凌是一种暴力，它使孩子气馁，对孩子造成极大的伤害，甚至使他们失去继续生活的勇气。

不惩罚不责备地结束霸凌

因此，如果父母或者老师发觉，孩子正被某个群体有组织地排挤和欺辱，必须要马上出手。但是要注意：霸凌的可恶之处在于，通过威胁和惩罚往往不能禁止这种行为，有时甚至会变得更糟。因为如果施暴的孩子由此感到压力，他们大多会把压力继续施加给霸凌对象——不计任何后果。

威胁通常不能解决霸凌问题

因此最有效处理霸凌的方法就是所谓的“无责备干预法”，这种方法旨在不责备地使问题得以解决。也就是说：一方面，受害者不会被指责为何自己成为霸凌对象，另一方面，霸凌者也不会受到责备——这对于受害者父母来说往往难以接受。但是这种方法不关注责任问题不是没有原因的：因为霸凌行为是一种源自不良群体动力的现象。一些孩子通过寻找同一个受害者的方式，来加强彼此的归属感。他们渴望寻求共同之处，提高群体认同，这种渴望过于强烈，惩罚的方式对他们几乎无用。因此需要另一种更加强烈的力量——同理心，也就是体谅他人的能力，以及受害者能够感知他人给自己造成了何种伤害的能力。因此，“无责备干预法”重点在于关注受害者的感受，而不是尽可能

“渐渐地，他们忘记了自己曾经是善良的、安静的老鼠。他们忘记了那个狂欢节，忘记了本来他们想唱歌，想跳舞，想开心。每一只田鼠都坚信，自己是一只可怕的凶猛的动物。”

——李欧·李奥尼，

《绿尾巴田鼠》（*Die Maus mit dem grünen Schwanz*）

精确地还原事件过程。所以成年人不要询问孩子发生了什么，而要关心他对此事的感受。然后，将肇事者和“沉默群体”成员带入一个安全的环境中，让他们了解霸凌行为在受害者身上触发了什么样的感受。有时也可以使用图片、诗歌或者音乐，来帮助肇事者了解受害者的感受。在孩子们惊愕之余，再给他们布置任务，共同思考改善受害者在班级或群体中境况的方法。我们可以将责任转交给孩子们，但要定期举行一次会议，让他们汇报一下自己想法的落实情况。

“无责备干预法”的基本理念是，只有在极少见的情况下，孩子才会对其他孩子产生恶意。大多数情况是，他们陷入了一种群体动力中，对他们来说重要的是受喜爱程度和归属感，孩子们互相煽动，犯下他们自己一个人永远也不可能做出的暴行。在这个过程中，良好的团体归属感超越了每个有感情的生物在恶意对待他人后得到的负面感受。通过“无责备干预法”，这种负面感受浮出水面，以天然保护墙的方式，防止侵害再次来袭。

全世界很多学校已经采用了这种方法，并成功地解决了霸凌问题。同时当然也存在一些情况，受害者必须要尽快得到保护，而来不及等待程序一步步地执行。在这种情况下，让孩子离开现在的班级，到另外一所学校中重新开始，往往是最好的解决方法。

小小独行侠

朋友对孩子至关重要——对此几乎所有现代社会中的父母都深信不疑。拥有很多朋友，是大多数父母对美好童年的印象之一。此外，在现代服务型社会中，社会能力和交际能力变得越来越重要，儿童建立友谊则为他们顺利进入成年阶段做好了准备，这一点也进一步提高了儿童友谊在人们心目中的重要性。但是，如果自己的孩子对其他孩子完全不感兴趣，更想自己玩耍，该怎么办呢？根据心理学家齐克·鲁宾的说法，如果出现这种情况，家长和老师往往感觉问题严重。虽然这类孩子一直都存在。他们是小小独行侠，不喜欢交际，最喜欢自己开心地玩耍——尽管如此，他们的成长完全正常。我们现在觉得跟这类孩子很难相处，其实他们与社会的变革息息相关。美国社会学家大卫·理斯曼在 1950 年出版的《孤独的人群》一书中首次针对这一现象进行了描述：在现代西方世界，我们不再按照自己社会阶层的标准来判断生活是否幸福，而是越来越倾向于与其他阶层的人进行比较，并从自己同他们的社会关系中评价自己的行为。我们通过朋友数量和朋友的社会地位来判断自己的受欢迎程度和成功度。根据理斯曼的说法，我们也不自觉地把这种衡量自我价值的方法转移给了孩子：以前的父母一再嘱咐孩子不要背叛自己的价值观，而现代社会传递给孩子的信息是，去交朋友——不惜一切代价！

如今，理斯曼的观察已经过去了六十年，因此其本身也成了历史观察的对象，但是他所描述的年轻父母极其重视社会关系的倾向，在我们现代社会中仍旧屡见不鲜。他对父母的警告仍具有现实意义：即在追求孩子受欢迎程度的同时，不要忽略他们的个人长处和才能。因为，就如孩子没有朋友要承受巨大痛苦一样，如果孩子认为自己什么也不缺，但仍旧必须要交一些朋友的话，也会倍感压力和痛苦。矛盾的是，如果成年人坚持认为，孩子必须拥有朋友，等到以后孩子自己产生跟同龄人交友需求的时候，可能反而会加大孩子的交友难度。因为如果孩子退让了，但他听家长的话，不惜一切代价都要交个朋友，这就削弱了他建立真实而可持续友谊的能力。

因此，如果孩子是个自得其乐的独行侠，父母和老师最好不要用自己的交友观去逼迫和纠缠孩子。相反，他们应该认识到，在这个社会上，那么多人都需要依靠他人的反馈来认可自己的个人价值，而自己的孩子却拥有一种了不起的天赋：我自己，就足够了。

第五章

不同的朋友，不同的世界

孩子不仅仅可以从同龄人那里获得陪伴和帮助，从比自己小和比自己大的孩子那里，从熟悉的成年人那里，从宠物那里，或者从想象中的伙伴那里，他们都能感受到被爱的意义。

我和我的朋友不一样

物以类聚，人以群分。在儿童友谊中，这个古老的民间智慧也经常被证明是正确的。这并不奇怪：今天的儿童经常在极其同质化的群体中活动。在这些群体中，所有儿童的年龄都差不多，住在同一个城市，说着同一种语言，通常也有同样的肤色。此外，这些共同点也拉近了孩子之间的距离：头发颜色相同或名字第一个字母相同的孩子往往会引发孩子们特别是女孩儿的幻想："我们好像双胞胎啊。"在孩子寻找自我的过程中，朋友承担着重要的镜像功能，在这个阶段里，与朋友的众多共同点自然能够引发孩子极大的兴趣。

> 我们不一样，这很正常

但是，与这种"双胞胎友谊"不同，有一些朋友，可能彼此截然不同。这对儿童的发展也很重要，至少同样重要。因为他们向孩子传达了里夏德·冯·魏茨泽克担任德国总统期间用长篇大论煞费苦心想要向成年人传达的内容：“我们不一样，这很正常。”事实上，研究表明，我们对其他文化和生活方式的开放程度与童年时期的社会经验紧密相关。比如，和不同肤色儿童一起上幼儿园的美国儿童，到了青少年时期，他们对种族歧视的接受度远远低于那些幼儿园里只有白人的儿童。换句话说：多样性可以拓展人的视野！

对于这种彼此不一样的朋友来说，重要的是他们想聊一聊这些不同，而不被成年人粗暴地打断。他们会问，为

“我们成了朋友，多莉、凯瑟琳和我。我十一岁，后来我十六岁。虽然不曾建功立业，那些年过得却最是开心。”

——杜鲁门·卡波蒂，
《草竖琴》（*Die Grasharfe*）

什么图拉尼皮肤很黑，为什么拉蒂菲不吃猪肉，为什么米迦要坐轮椅……而这并不是孩子们不懂礼貌，通过这些问题，孩子们表达了自己真正的兴趣，理应得到真诚的回答。最重要的一点是，这些友谊在成年人看来也许有时是不寻常的，但不要从道德上去评判它们，要看到它们本来的样子：这就是普普通通的孩子的友谊。一个孩子跟另一个坐在轮椅上的孩子玩，并不是出于怜悯在做善事。他只是在跟自己的朋友一起玩。

把兄弟姐妹当朋友

很多父母希望自己的孩子们彼此成为最好的朋友。但实际上，虽然他们可以帮助孩子们建立良好的兄弟姐妹关系：形成快乐、友好和互相尊重的家庭气氛，给予每个孩子足够的关注，避免孩子之间任何伤害性的比较。这为兄弟姐妹间的友好关系奠定了基础，但是从中能否产生友谊，决定权并不在父母手中。兄弟姐妹与朋友之间始终存在一个重要的差异：即真正的友谊是以自愿为基本前提的，这一点在兄弟姐妹中往往受到限制。出于这个原因，心理学家多萝西·露在她的《我最亲爱的敌人，我最危险的朋友：建立和打破兄弟姐妹关系》一书中称兄弟姐妹为“危险的朋友”：虽然他们可以给一个孩子很多爱和安全感，但他没有机会真正脱离这种友谊——毕竟，家庭纽带让人们一生都紧密相连。在这一点上，兄弟姐妹之间的友谊虽然是美好的，但从长远来看，它们不能取代与其他孩子的友谊。因为只有在那里，孩子们才能体验到自己去选择朋友的感觉——并在时机成熟时，让友谊继续前行。

把父母当朋友

想成为孩子朋友的父母，通常会被心理学家和教育学家高度怀疑。因为“父母与子女之间的关系特点是主导和从属、权威和服从，而友谊则以公平、平等和互惠为特征”——心理学家雷纳特·瓦尔特金和教育学家莱因哈德·法特克在他们的文章《孩子为什么需要朋友？》中作出这一解释。根据个人经验，我对此却不敢苟同。孩子跟父母之间的关系特点是从属和服从吗？各位生活在哪个世纪？如果让我来观察一下我自己跟孩子的关系，首先会发现，在我的家里，虽然不是所有人拥有同样的权利，但是，所有人都有获得尊重的权利。没有人必须要服从，但他们必须要按规则行事，而这些规则对儿童来说有时与成人不同。家庭治疗师耶斯佩尔·尤尔称这一构成现代家庭生活基础的原则为“平等的尊严”：这一基本设想是，虽然父母和孩子不同，也没有平等的权利，但被赋予了同样的尊严权。这个家庭生活基础跟良性的友谊十分相似：人们认真对待对方，互相倾听，保持自己的底线，尊重对方的底线，

“我觉得，我们要以身作则，而不是通过威信来教育孩子。如果我们生活幸福，或者至少开心，并对生活感到满意的话，孩子自然会得出结论，幸福是一种正常的状态。明显不幸福的父母会告诉孩子应该做什么，但往往达不到他们想要的效果。”

——汤姆·霍奇金森，

《如何做个懒家长》(*Leitfaden für faule Eltern*)

在为自己负责的同时为对方考虑。在这方面，我个人很想鼓励父母把孩子当作最真实意义上的朋友——也就是说，像我们对待朋友那样，对孩子态度明确地、友好地表达尊重和爱意。但很显然，父母与子女的关系将永远不同于典型的友谊：毕竟，它既不是自我的选择，也不能随时终止，而是一种宿命般的、终身的联结。

把成年人当朋友

1772 年，萨克森－魏玛公爵的夫人安娜·阿玛利亚在为她的儿子们寻找家庭教师时，想法十分明确：他们应该是“最好的老师，同时也是孩子的朋友和伙伴”。现代的大脑研究证明公爵夫人是对的：孩子们的确能从那些“像朋友和伙伴”的人身上学到最多——这些人会关心他们，同他们建立起有爱的关系，会为他们的探索精神而高兴，并会不厌其烦地回答他们各种各样的问题。

对孩子来说，能遇到这些成年人朋友，是真正的幸福，无论他们是叔叔或阿姨，教父教母或邻居。例如，在我四岁的时候，和我们的一个邻居成了好朋友，她当时已经七十多岁了，是个单身寡妇。我会给她摘花，她会给我读童话。我生命中发生的一切，她都参与其中，无论是我第一天上学，还是第一次恋爱。直到我过完 21 岁生日后不久，她因年事已高去世了。她最后送我的礼物中有一本带有诗歌和信件的书，在第一页上她用颤抖的手写下："送给我的朋友诺拉。"友谊是没有障碍的，年龄也不能阻挡。

孩子与成年人的友谊

把动物当朋友

我朋友拉菲拉是一名骑行治疗师。她一有空就把三岁的女儿带到马场。因为她坚信：如果孩子经常跟熟悉的动物一起互动的话，他们的自信心和社交能力就能得到发展。通过理解那些不会说话的生物发出的微妙信号，孩子们可以训练自己的共情能力。他们可以学会如何获得一个动物的信任，如何享受一个动物的亲近和温暖，他们和动物的相处法则与人类完全不同：无论孩子绘画或写作有多好，无论孩子在赛跑中得了第一名还是最后一名，无论孩子健谈还是少言寡语，对动物来说都无所谓。对它们来说，重

"莫格利从入口那里跳出来，扑到巴鲁和巴盖拉之间，用手臂分别缠住这两个强大的朋友。"

——鲁德亚德·吉卜林，
《丛林之书》(*Das Dschungelbuch*)

要的是一些其他的品质：温柔、可靠、友好。难怪研究表明，跟同龄人相比，饲养宠物的孩子更不容易生病，心理状态也更加稳定。

另外，宠物也能够促进孩子认知方面的发展。因此一般而言，经常跟动物有交流的孩子在学校的表现也更好一

动物朋友

些。“使人类和动物之间关系变得如此独特的原因就是动物对人类毫无条件的爱。”拉菲拉说。她的第一匹马就帮助她度过了小时候与父母分离的困难时期。在最近的一次采访中，儿童心理治疗师卡琳·萨贝斯·哈克解释了为什么动物能很好地帮助处于压力中的孩子：“当我们有压力时，大脑的化学反应会发生变化，导致体内释放大量的压力激素。当我们抚摸动物时，听到它平静的呼吸，感受它的心跳，注视着它的眼睛，便知道这个动物需要我们，我们也需要这个动物，这会让孩子感到被需要和被爱。因此，他们的大脑会释放出让人平静和舒适的荷尔蒙，使孩子感到满足和安全。”

然而，尽管与动物一起成长是件好事，但只有当父母和孩子都感到对狗、猫或马负有共同责任时，养宠物的家庭才会真正幸福。而这正是为什么我拒绝我的女儿们想要一只属于她们自己的可爱小猫、天竺鼠或兔子的愿望，不管有多少支持饲养宠物的论据。因为在我看来，宠物不是你可以给孩子制作的一件礼物，它最终会是家庭的一个成员，需要家里每个人的关注。但我不相信，在我们这个不带花园的城市公寓里，在我们忙得四脚朝天的日常生活中，动物能够拥有一个美好的、舒适的生活，所以我们孩子跟动物的友谊仅限于偶尔喂养邻居的沙鼠，或者去拉菲拉的马场。

想象中的朋友

我的女儿安妮卡有一个朋友叫艾拉。艾拉像长袜子皮皮[㊀]一样强壮，像公主一样美丽，她只吃小熊橡皮糖和巧克力布丁。“所以，妈妈，晚饭的时候你得给她也摆上一盘吃的。然后她会把盘子里的食物吃光。我保证！”我能说什么呢？自从艾拉搬到我家以后，厨房里的小熊橡皮糖和巧克力布丁确实一眨眼就消失了，还有她那张隐身的四柱床，那个隐身的装满芭比娃娃的手提箱。当然，艾拉自己也是隐身的——除了安妮卡自己能看见这个朋友。

㊀《长袜子皮皮》是瑞典国宝级童话，其中的主人公长袜子皮皮非常强壮，能单手举起一匹马。——译者注

想象中的朋友

“在早晨，当弗洛里安穿过公园去幼儿园的时候，他就开始喂他的龙。好龙会得到一块肥皂，用来吹肥皂泡。坏龙会得到一块煤炭，用于燃烧他的火焰。肥皂和煤炭都是隐形的。因为这两条龙也是隐形的。嗯，其实他们并不是真的隐形。弗洛里安就能看见他们。只是其他人看不到而已。”

——克里斯蒂娜·涅斯特林格，
《好龙与坏龙》（*Guter Drache & Böser Drache*）

艾拉并不是我们家出现的第一个想象中的朋友：自从安妮卡过了四岁生日，她发现自己拥有无穷的想象力后，我们家就不断有人来做客，有强盗和鬼魂、仙女和魔鬼，有警察，还有一群名字奇特的孩子，比如特拉拉和卡卡噗噗斯。每次我都尽职尽责地在晚饭的时候给他们准备一盘吃的，因为我曾经读到过，应该认真对待孩子和他想象中的友谊。尽管如此，有时我也会有些许担忧：安妮卡有这么多想象中的朋友，是不是意味着她生活中缺少了什么？她是不是在通过想象的方式以弥补现实中的缺憾？后来，在采访心理学教授玛丽亚·冯·萨利什的时候，我抓住机会问她，是否在每一个幻想朋友的背后确实隐藏着一种未得到满足的渴望。她给出了绝妙的回答："首先他们背后肯定有一个想象力丰富的孩子。"然后她说，当然一同进入他想象世界的还有他的愿望，但这并不能说明什么问题，相反，这是孩子解决问题的表现：孩子已经感受到他需要什么，然后找到了解决途径，有时依靠自己找到，有时依靠外部获得。"这难道不好吗？"萨利什问我，她自己也是两个孩子的母亲。接着她用数据来安慰我："迄今为止，我知

“我一直都有想象朋友，但是他们从来不玩捉迷藏游戏。”

以下是对五岁的玛蒂尔达的采访。

问：跟我讲讲你的朋友们吧，玛蒂尔达？

答：讲真人朋友还是游戏里的朋友？

问：两个都想听。要不先讲讲真人朋友吧。

答：我幼儿园的时候就认识伊娜和菲利克斯。

问：怎么看出来你们是朋友？

答：我们一起玩耍。要是我们吵架了，也会和好。要是哪个不跟我玩了，我就去找另一个。

问：怎么才能交到新朋友呢？

答：我就直接走到他面前，问他叫什么。然后我们就一起玩啦！

问：那你想象中的朋友是什么样的呢？

答：我一直都有想象中的朋友，只不过他们每天名字不一样。他们会做所有我想做的事情，还会给我买东西。但是他们从来不跟我玩捉迷藏或抓人的游戏。这点不太好。

问：拥有一个朋友是什么感觉？

答：非常、非常美妙。

道有 18%~30% 的幼儿园孩子拥有这种想象中的朋友。归根结底，这种想象中的朋友对孩子的作用就像日记对成年人的作用一样——我们也会给某个不确定的对象写信，但在这样做的时候，其实是在跟自己对话。对您的女儿来说，这些想象中的朋友扮演的就是这种角色，”萨利什总结道：“所以，给他们也准备一盘晚饭是理所当然的——您不觉得吗？”

把书籍当作朋友

“是的，童年时代最无边无际的冒险就是在书海当中畅游。当我得到属于自己的第一本书并沉浸其中时，我的冒险就开始了。那一刻，我对阅读的渴望被唤醒，我生命中从来没有得到过比它更好的礼物。”阿斯特丽德·林格伦

“我最喜欢的书叫《萨尔特克罗坎的假期》，经常让妈妈给我讲。现在有的时候我也会自己看。然后我就会想象自己跟托文还有其他孩子一起在小岛上奔跑、划船，我还有一只像佩勒一样的兔子。有时就感觉这一切好像都是真的。”

——艾玛，八岁

的这些话充满了热情，她的书指引着一代又一代的儿童走进阅读的世界，开启冒险的旅程。1975 年，这位儿童文学作家用文字向年轻父母们呼吁，表达自己的心愿。她的使命是：让世界上所有的父母相信，孩子们需要书籍。绘本、小说、非虚构书籍，等等，所有这些书籍都等待着孩子们去认识和发现。

在之后的四十年里，这项呼吁仍旧有其现实意义。阅读基金会的一项最新调查再次表明，虽然在德国家庭中，人们仍然喜欢和孩子一起读很多书，但另一方面，三至八岁孩子的阅读行为却很少或完全没有。基金会 2011 年的另一项调查显示，如果孩子从婴儿时期就开始阅读，能够积极地促进孩子的成长和发展。因此，喜欢阅读的孩子之后不仅更富有创造力，在学校的表现也比较突出，而且还更容易交到朋友。因为与孩子一起阅读可以扩大词汇量，提高孩子在社交中极为重要的语言能力。另外，通过阅读也可以让孩子感受到，父母跟自己一样，对这个故事或话题充满浓厚的兴趣。

每一个冥冥之中在那个恰当的时间得到那本适合自己书的人，都知道书籍的确是人类的好朋友。书籍给予我们勇气和陪伴，让我们开心，与我们同行，有时甚至是我们的“救命稻草”。孩子也不例外，对很多孩子来说，他们最喜欢的书就是自己的一部分，去度假、去上幼儿园也要带着它，一遍又一遍地翻，一遍又一遍地读，哪怕由于小手指不断地翻阅，书页已经破损，图片已经褪色。阿斯特丽德·林格伦在她演讲的最后说，书籍是永远不会让我们失望的朋友。当我们伤心时，可以在它们那里得到安慰，当

“当再次睁开眼睛的时候，发现我们仍然在小岛上。‘现在这是什么意思？’提莫问道。‘这意味着，不管这个岛屿是真实的，还是只存在于我们的想象中，都无所谓，’她向我们解释：‘不管怎样，我们现在是安全的。因为我们的想象力绝对不会被关闭。’”

——蒂默·帕维拉，萨宾娜·薇韩，

《艾拉在度假》（*Ella in den Ferien*）

生活黯然无光时，可以在它们那里发现快乐和美好。跟真人朋友不一样，这些书籍朋友——我们就直接送给孩子们吧！

书籍朋友

附　录

延伸阅读

科尔斯滕·波伊

《小骑士特伦克》（*Der kleine Ritter Trenk*）

（玉婷歌尔出版集团）

特伦克是出生于中世纪的一个农家男孩，他的人生道路实际上已经被规划好了：有一天，他将成为像他父亲豪格·冯·陶森施拉格那样的农奴，之所以被称为陶森施拉格[1]，是因为他经常因为无法向苛刻的领主交税而挨打。但特伦克凭借自己的聪明机智，设法冲破严格的等级制度，成了一名骑士，并在他忠实的小猪和他聪明、坚强、勇敢的朋友特克拉的帮助下，让家人重获自由。

---

[1] 德语为 Tausendschlag，意为一千次挨打。——译者注

克里斯蒂娜·涅斯特林格，詹姆斯·哈斯穆斯

《好龙与坏龙》（*Guter Drache & Böser Drache*）

（雷斯丹兹出版社）

弗洛安有两条龙，除了他自己，其他任何人都看不到这两条龙。要是妈妈没有时间陪他，弗洛安就在两条龙那里寻找安慰和庇护。当妈妈领他去打疫苗或去有两条会咬人的狗的朋友家时，弗洛安又必须要保护好他的龙。因为这两条龙，弗洛安差点不能一起去度假，因为龙在海里会被淹死。但是后来妈妈认真倾听了弗洛安的担忧，明白她得给弗洛安的龙准备好游泳臂圈，这样弗洛安和他的龙就不会害怕啦！

柯奈莉亚·冯克

《疯狂少女》（*Die wilden Hühner*）

（德莱斯勒出版社）

夏洛特被人叫作“小不点儿”。放假的时候她得去照看奶奶家的鸡，在那里，她跟朋友弗里达、特鲁德和梅兰妮

在鸡舍里组成了一个帮派——“小鸡俱乐部”。她们在脖子上挂一根鸡毛来作为标志。但没过多久她们就遇到了对手，一帮邻居家的男孩组成的“矮人帮”出现了——他们的第一个团伙恶作剧就是把“小不点儿”照看的鸡放跑了！这引发了一场“帮派战争”，让孩子们提心吊胆，直到最后，他们达成了休战协定。

罗斯·拉格克朗茨，爱娃·艾瑞克松

《我的快乐人生》（*Mein glückliches Leben*）

（莫瑞茨出版社）

达妮很开心。她刚上一年级，很快就交了一个朋友：艾拉·弗丽达。和她在一起，一切都变得更加有趣：在操场上荡秋千，交换闪亮的照片，画日落，晚上进行野餐。但后来艾拉·弗丽达搬走了，达妮感到很难过。直到有一天，艾拉·弗丽达给她寄来了一封信，邀请她下次放假的时候见面……

参考文献

Sarah Blaffer Hrdy: *Mothers and Others.* Harvard University Press 2009

Julia Boehme/Stefanie Dahle: *Das große Wunschzettel-Wunder.* Arena 2013

Kirsten Boie: *Geburtstag im Möwenweg.* Oetinger 2003

Kirsten Boie: *Der kleine Ritter Trenk.* Oetinger 2006

Brené Brown: *The Gifts of Imperfection.* Hazelden 2010

Truman Capote: *Die Grasharfe.* Volk und Welt 1978

John Chambers/Dorothea Tust: *Wo ist Emil?* Sauerländer 2013

Julia Dibbern: *Kleine Lügner, kleine Diebe.* Snug Solutions 2012

Gabriele Haug-Schnabel/Joachim Bensel: *Grundlagen der Entwicklungspsychologie.* Herder 2012

Iris van der Heide/Marie Tolman: *Sara und die Zauberkreide.* Sauerländer 2006

Tom Hodkinson: *Leitfaden für faule Eltern.* Rowohlt 2009

Jesper Juul: *Miteinander. Wie Empathie Kinder stark macht.* Beltz 2012

Rudyard Kipling: *Das Dschungelbuch.* Rowohlt 1954

Janusz Korczak: *Das Kind neben dir.* Volk und Wissen 1990

Rose Lagercrantz/Eva Eriksson: *Mein glückliches Leben.* Moritz 2014

Remo Largo: *Kinderjahre.* Piper 2007

Munro Leaf/Robert Lawson: *Ferdinand.* Diogenes 2013

Astrid Lindgren: *Das entschwundene Land.* dtv 1977

Astrid Lindgren: *Ronja Räubertochter.* Oetinger 1982

Astrid Lindgren: *Pippi in Taka-Tuka-Land.* Oetinger 2008

Leo Lionni: *Die Maus mit dem grünen Schwanz.* Tabu 1996

Eleanor E. Maccoby: *The Two Sexes. Growing Apart, Coming Together.* Harvard University Press 1999

Natalie Madorsky Elman/Eileen Kennedy-Moore: *The Unwritten Rules of Friendship. Simple Strategies to Help Children Make Friends.* Little, Brown and Company 2003

Christine Nöstlinger/Jens Rassmus: *Guter Drache & Böser Drache.* Residenz 2012

Timo Parvela/Sabine Wilharm: *Ella in den Ferien.* dtv 2014

Herbert Renz-Polster: *Kinder verstehen.* Kösel 2009

Herbert Renz-Polster: *Menschenkinder. Plädoyer für eine artgerechte Erziehung.* Kösel 2011

Herbert Renz-Polster/Gerald Hüther: *Wie Kinder heute wachsen.* Beltz 2013

Judith Rich Harris: *The Nurture Assumption. Why Children Turn Out the Way They Do.* Bloomsbury 1999

Dorothy Rowe: *My Dearest Enemy, My Dangerous Friend. Making and Breaking Sibling Bonds.* Routledge Chapman & Hall 2007

Kenneth H. Rubin: *The Friendship Factor.* Penguin Books 2002

Zick Rubin: *Children's Friendships.* Open Books 1980

Antoine de Saint-Exupéry: *Der kleine Prinz.* Karl Rauch 2010

Flora Thompson: *Lark Rise to Candleford.* David R. Godine 2010

Michael Thompson: *Best Friends, Worst Enemies. Understanding the Social Lives of Children.* Random House 2001

Anne-Ev Ustorf: *Allererste Liebe. Wie Babys Glück und Gesundheit lernen.* Klett-Cotta 2012

致　谢

一本关于友谊的书，可能是向那些给我生活带来无尽乐趣的朋友们表达感谢最合适的地方了。艾纳、安妮塔，感谢有你们！ 阿里、克里斯蒂安，真幸运，我们的女儿曾经上过同一所幼儿园。丹妮拉、哈米德，我们非常想念你们！ 维丽娜、弗兰克，因为有你们，这个新的城市变成了我们的家！

苏菲和安雅，从我自己还是个孩子的时候，你们就一直陪伴着我，还有我们所有在马尔堡学习的朋友——谢谢你们，很难想象没有你们我将会怎样！

赫伯特、朱莉娅和尼克，感谢你们和我志同道合，一起进步，感谢你们长远的眼光！

非常感谢你，克莱尔，在这个旅程中陪伴着我。你有权倾听我的每一个故事。

感谢《父母》（*Eltern*）杂志的同事们，从你们那里我学到了很多。

感谢所有支持我写这本书的孩子和家长，以及来自贝尔茨出版集团的编辑塔雷克·明希，没有他，就不会有这本书。

感谢我的父母、祖父母和我的兄弟乌利，他们是我最早认识的朋友。还要感谢我的孩子，林内娅和安妮卡，她们是我最大的幸福。

但我最要感谢的是我最好的朋友，在这个图书项目中，在我们生活所有其他大大小小的项目中，他都给予了我最大的支持，他就是马尔特，我的丈夫。